營養師教你用10種麵包做出150款主餐三明治

エダジュン／著
安珀／譯

聽到三明治，就會想起小時候的早餐。
我們家的早餐基本上是白飯加味噌湯的組合，
如果出現麵包，總覺得好像滿口都是獎賞，從一早開始心情就雀躍不已。

週末時，要去工作的雙親會預先做好三明治給我當午餐。
「鮪魚和蔬菜」、「蛋」和「火腿乳酪」，
雖然每一種都是很熟悉的味道，但是即使冷掉了還是很好吃，
做成三明治的話，就連蔬菜也會大口大口地吃下去。

最近的三明治，已經進化得比我小時候更豐富多樣了。
在超市買到的麵包種類也變多了，
有各式各樣的大小和風味等，增添了選購時的樂趣。

如果在麵包裡夾入滿滿的肉和魚等配料，
大量的配料會讓三明治吃起來很有嚼勁，也更有飽足感。
夾入許多蔬菜的話，即使不吃沙拉也能成為心滿意足的餐點，
不只早餐，也很適合當成中午的便當或晚餐。
有一些被認為很下飯的配料或調味方式，只需更換蔬菜或調味料的組合，
就會變得和麵包很對味，吃起來很美味。

這次的食譜是以「只吃一個三明治就能讓心靈和身體獲得滿足、
在許多配料當中能夠吃到滿滿的蔬菜」這樣的構想來設計的。
此外，為了方便製作，所使用的麵包集中在10種的範圍以內，
即使是相同的麵包，透過變換配料也可以享受到各式各樣的味道。
包含了和風、西式、異國風味、中式、韓式、水果三明治等，
能品嚐到各種不同風味的150款食譜，每天吃也吃不膩！

將麵包烤得酥酥脆脆的，或是不經烘烤、直接以豐潤的麵包夾起配料。
不論口感或味道，都能以一種調理法去做變化，調理過程充滿樂趣。

這是繼「湯品」、「沙拉」、「義大利麵」後，食譜系列推出的第4個主題。
受到眾多讀者的厚愛，使我覺得非常開心。
本次也設計了組合內容令人發出驚嘆的三明治，及使人放鬆的三明治等，
請大家務必一邊瀏覽食譜一邊享受製作過程，若能如此將是我的榮幸。

エダジュン

目錄

第1章 西式三明治

第2章
日式三明治

第3章
異國風味三明治

第4章
中式、韓式三明治

第5章
水果三明治

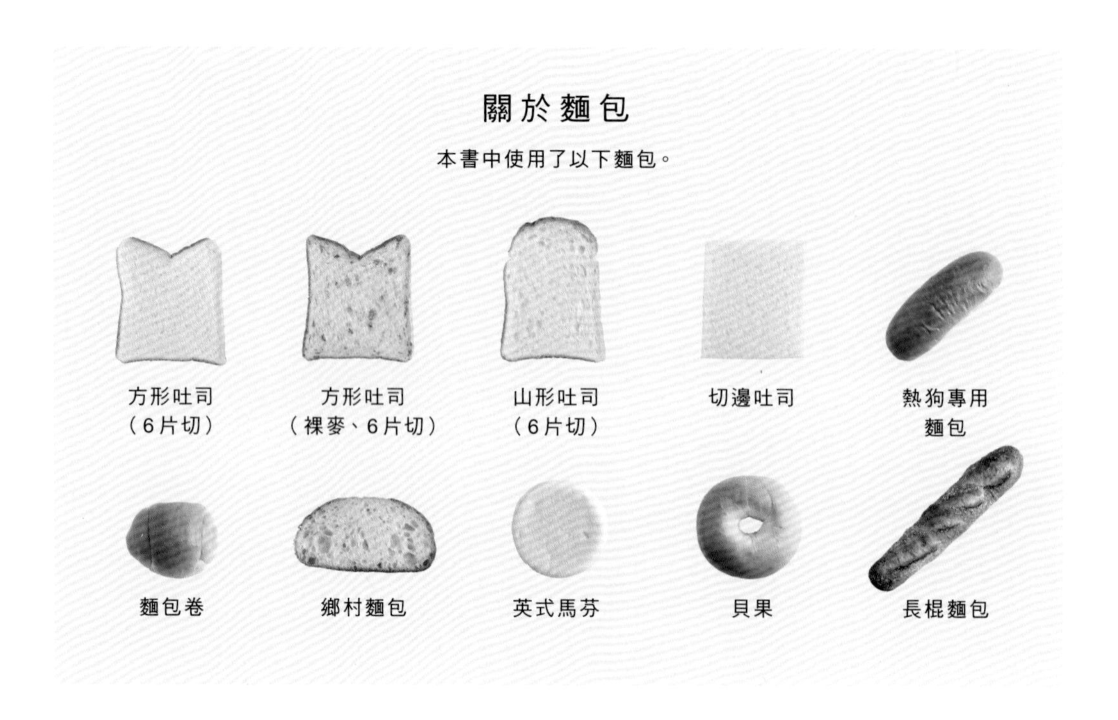

本書的規則

關於分量的標示

- 1小匙是5ml，1大匙是15ml。
- 少量的調味料分量以「少許」表示，是用拇指和食指捏起來的分量。

關於調味料、食材

- 奶油使用含鹽奶油。
- 橄欖油使用特級初榨橄欖油。
- 調味料類如果沒有特別指定的話，味噌使用調合味噌，醬油是濃口醬油，砂糖是上白糖。
- 蔬菜類如果沒有特別指定的話，說明的是完成清洗、去皮等作業之後的步驟。

關於使用的機器

- 本書中使用的是烘烤微波爐、小烤箱。溫度、加熱時間會因不同的機型和製造廠商而有所差異，所以請以標示的時間為標準，視烘烤情形予以調整。
- 微波爐的加熱時間是以使用600W的微波爐時為標準。如果是500W的微波爐，請以1.2倍為標準，調整加熱時間。
- 平底鍋是使用鐵氟龍平底鍋。

關於保存

- 保存狀態會因冷藏室或冷凍室的性質或保存環境而有所差異。保存時間僅為參考的標準，請盡早食用完畢。

關於熱量

- 熱量登載的是將總熱量除以較多的人數，作為平均1個人的熱量標示。麵包的熱量也包含在內。

做出美味三明治的要領

留意麵包和配料的平衡及夾住配料的方式，做出色彩豐富的三明治吧！
親手精心製作的豐盛三明治，讓身體和心靈都獲得滿足。

以不遜於麵包分量的程度，讓配料展現出滿足感。

配合麵包的大小、麵包體的厚度和口感來調整配料的分量，將兩者的美味一起品嚐吧！具有嚼勁的配料（肉類或根菜類）能夠帶來滿足感。

配合配料的分量和形狀，盛放時要注意是否容易入口。

好不好入口也很重要，要考量一口的分量和進食時嘴巴張開的情況等。如果配料細小的話，最好先鋪1片葉菜類蔬菜，如果配料很多的話，要注意相疊的順序。

混搭葉菜和根菜類、肉類和魚類，享受不同的口感。

將口感清脆的葉菜類蔬菜、具有嚼勁的根菜類蔬菜、很適合作為主要配料的肉和魚等各種不同的食材組合在一起，品嚐與麵包體不同的口感。

讓三明治口感更好的 食材的多樣切法

較粗的細絲

像葉菜類蔬菜等，以1片葉子很難呈現出分量感的蔬菜，切成較粗的細絲就能展現出厚重感。因為體積增加，所以咀嚼的次數也變多，可以獲得飽足感。

➡ P.140 櫻花蝦高麗菜魚露美乃滋三明治等

小丁

因為體積較小容易入口，而且不論什麼食材都很容易使大小一致，所以含在嘴裡時味道會統合為一。建議您做給家中幼兒的三明治最好採用這種切法哦！

➡ P.056 地瓜伯爵紅茶貝果三明治等

薄片

薄片除了容易夾在麵包裡面之外，因為能夠重疊盛裝許多薄片，所以想增加存在感時也可以採用這種切法。與醬汁或抹醬搭配也很協調。

➡ P.106 珠蔥洋蔥柚子胡椒干貝麵包卷三明治等

較厚的圓片

偶爾試著大膽地切成大約與麵包相同的厚度吧！吃進嘴裡時的扎實感就不用說了，外觀的華麗感也能使心情振奮起來。

➡ P.150 麻婆肉末番茄莫扎瑞拉乳酪三明治等

橄欖油香蒜
鮮蝦酪梨三明治

材料（2人份）

吐司（山形、6片切）---2片
蝦仁---大的4尾
酪梨---1/2個
青花菜---1/4棵（約35g）
大蒜---1瓣（6g）
鹽---1/4小匙
粗磨黑胡椒---少許
美乃滋---個人喜好的分量
橄欖油---1大匙

作法

1. 蝦仁以竹籤挑除腸泥。酪梨切成4等分的瓣形。青花菜分成小朵之後縱切成一半。大蒜切成薄片。
2. 將橄欖油倒入平底鍋中，以小火炒**1**的大蒜。炒到大蒜冒出香氣之後，放入蝦仁、酪梨、青花菜，以中火翻炒。
3. 蝦仁炒熟後以鹽、粗磨黑胡椒調味。
4. 2片吐司以1000W的小烤箱烘烤2～3分鐘。烤好之後，將**3**放在其中一片上面，淋上美乃滋。再以另一片吐司夾起來，然後切成一半。

料理&營養筆記

炒得香噴噴的蝦仁、酪梨和青花菜的風味令人無法抗拒。雖然酪梨生食也很好吃，但是炒過之後鬆軟溫熱的味道非常美味，請一定要試試看。

第1章 西式三明治

西式三明治享用麵包的方式最廣泛，且奢侈地運用顏色繽紛的
新鮮蔬菜來製作。從善加利用素材本身的鮮味做出來的單純味道，
到調味較為濃郁、滿足感很高的三明治，變化非常豐富。

小黃瓜蒔蘿鮭魚三明治

平均1人 165 kcal

材料（2人份）

切邊吐司---4片
小黃瓜---1根
蒔蘿鮭魚抹醬
（參照P.063）---50g

作法

1 小黃瓜橫切成一半，然後縱切成3mm厚的薄片。

2 將**1**重疊放在2片切邊吐司上面，放上蒔蘿鮭魚抹醬塗抹開來。

3 以其餘2片吐司分別夾住**2**之後，切成一半。

 料理&營養筆記

味道清爽的小黃瓜和帶有清涼感的蒔蘿非常對味，很適合在夏季沒有胃口等時候享用。擺放小黃瓜時要稍微重疊，讓它看起來更有分量。

櫛瓜番茄沙丁魚
麵包卷三明治

平均1人 184 kcal

材料（2人份）

麵包卷---2個
櫛瓜---1/2根（50g）
番茄（1cm厚的圓形切片）---1片
鹽---少許
番茄沙丁魚抹醬
（參照P.063）---2大匙
橄欖油---2小匙

作法

1 2個麵包卷從側面切入切痕，以1000W的小烤箱烘烤2～3分鐘。

2 櫛瓜切成1cm厚的圓形切片，表面縱向和橫向各切入2道切痕。番茄切成一半。

3 將橄欖油倒入平底鍋中，以中火煎**2**的櫛瓜。兩面都上色之後，撒上鹽。

4 將**1**塗上番茄沙丁魚抹醬，再放上**2**的番茄、**3**，然後夾起來。

料理&營養筆記

在櫛瓜的表面切入切痕，比較容易煎熟。充分煎至上色可以增添甜度和香氣，與沙丁魚的風味也很契合。

班尼迪克蛋風味
鮭魚開面三明治

平均1個 416 kcal

材料（2人份）

英式馬芬---2個
煙燻鮭魚---4片（30g）
蛋---2個

Ⓐ
- 奶油---20g
- 蛋黃---1個份
- 美乃滋---1又1/2大匙
- 檸檬汁---1小匙
- 鹽---少許

粉紅胡椒（無亦可）---少許

作法

1 製作醬汁（Ⓐ）。將奶油放入耐熱容器中，鬆鬆地包覆保鮮膜，以600W的微波爐加熱20～30秒，使奶油融化。將蛋黃、美乃滋放入缽盆中攪拌，一邊逐次少量地加入融化的奶油，一邊攪拌均勻。一邊逐次少量地加入檸檬汁，一邊攪拌，加入鹽之後繼續攪拌均勻。

2 製作半熟蛋。在較小的耐熱容器中裝入足以蓋過蛋的水量，然後打入1個蛋。以牙籤在蛋黃的部分戳1個洞，以600W的微波爐加熱50秒左右。就這樣放涼1分鐘。另一個半熟蛋也以相同的作法製作。

3 將2個英式馬芬從側面切成一半，以1000W的小烤箱烘烤2～3分鐘。

4 在**3**的半個馬芬上各放入煙燻鮭魚2片，再各放1個**2**。淋上**1**，撒上粉紅胡椒。

 料理&營養筆記

原本是使用水波蛋，不過也可以替換成用微波爐加熱就能輕鬆完成的簡易半熟蛋。請將英式馬芬撕成小塊沾取醬汁享用。

鮪魚小番茄
卡門貝爾開面三明治

平均1人
160
kcal

材料（2人份）

吐司（山形、6片切）---1片
鮪魚罐頭（水煮）---1罐（70g）
小番茄---4個
卡門貝爾乳酪（切塊）
---3塊（60g）
檸檬汁---1小匙
橄欖油---2小匙
鹽---少許
粗磨黑胡椒---少許

作法

1 鮪魚瀝乾水分。小番茄橫切成一半。卡門貝爾乳酪縱切成一半。

2 將**1**放在吐司上，淋上檸檬汁。以畫圓的方式淋上橄欖油，撒上鹽、粗磨黑胡椒。

3 將**2**以1000W的小烤箱烘烤5～6分鐘，直到卡門貝爾乳酪的表面融化（吐司的背面會充分被烘烤，如果擔心會烤焦的話，要放在專用的烤盤上烘烤）。烤好之後從小烤箱中取出，切成一半。

料理&營養筆記

小番茄所含的茄紅素具有強力的抗氧化作用，對於預防生活習慣病也可望獲得效果。與油一起攝取能提升吸收率，所以和橄欖油搭配在一起。

香煎旗魚
西洋芹塔塔醬三明治

材料（2人份）

長棍麵包（10cm長）---2個
劍旗魚（切片）---2片
皺葉萵苣---菜葉2片
鹽---少許
粗磨黑胡椒---少許
低筋麵粉---2小匙
Ⓐ 蛋---1個
Ⓐ 西洋芹---1/5根（20g）
Ⓐ 美乃滋---2大匙
Ⓐ 鹽---少許
橄欖油---2小匙
奶油---10g

作法

1 劍旗魚的兩面撒上鹽、粗磨黑胡椒。放置10分鐘左右，以廚房紙巾擦乾水分之後，整體沾裹低筋麵粉。

2 製作西洋芹塔塔醬（Ⓐ）。在鍋中放入足以蓋過蛋的水量、恢復到常溫的蛋、鹽少許（分量外），開火加熱。以沸騰的狀態煮13分鐘左右，然後剝除蛋殼。西洋芹切成碎末。將全部的材料放入缽盆中，一邊以叉子的尖端壓碎水煮蛋，一邊調拌。

3 將橄欖油倒入平底鍋中，放入奶油加熱，融化奶油，以中火將**1**單面各煎4分鐘。

4 長棍麵包從側面切入切痕。鋪上皺葉萵苣，放上**3**，再放上滿滿的**2**。

POINT

在口味較重的塔塔醬裡
添加清爽的西洋芹風味

口味往往偏濃郁的塔塔醬，加入西洋芹後，就能吃到最後都覺得味道很清爽。因為與炸物搭配起來很對味，請滿滿地放在配料上面吧！

料理&營養筆記

西洋芹的莖含有豐富的鉀，可望具有穩定血壓的效果。加在塔塔醬裡面可以增添清脆的口感，吃起來很美味。

生薑鮪魚芝麻菜三明治

平均1人 299 kcal

材料（2人份）

吐司（裸麥、6片切）---2片
芝麻菜---1/2棵（30g）
生薑鮪魚抹醬
（參照P.059）---70g

作法

1 芝麻菜切成3cm長。
2 將一片吐司塗上生薑鮪魚抹醬，再放上1。以另一片吐司夾起來，然後切成一半。

料理&營養筆記

芝麻菜隱約的苦味成為賞味的重點，為三明治帶來層次分明的風味。與生薑鮪魚抹醬醇厚的味道很相稱。

生火腿番茄蝦仁三明治

平均1人
216
kcal

材料（2人份）

切邊吐司---4片
生火腿---4片
番茄蝦仁抹醬
（參照P.062）---4大匙
萵苣---菜葉1片
乳酪片---2片

作法

1 萵苣用手撕成要鋪在切邊吐司上面的大小。
2 將2片切邊吐司塗上番茄蝦仁抹醬。各放上乳酪片1片，再各放上生火腿2片。
3 放上**1**之後，以剩餘的2片吐司分別夾起來，切成一半。

柔軟的生火腿、乳酪片，和口感清脆的葉菜類蔬菜是非常棒的組合！比起里肌火腿，生火腿的醣類較低，蛋白質較為豐富，作為三明治的配料也很方便。

荷蘭芹章魚
西班牙蛋餅三明治

平均1人
391
kcal

材料（2人份）

吐司（6片切）---2片
章魚（水煮）---50g
荷蘭芹---5g
蛋---2個
披薩用乳酪---20g
鹽---少許
Ⓐ 美乃滋---2大匙
Ⓐ 檸檬汁---1小匙

作法

1 章魚切成一口大小。荷蘭芹切成粗末。

2 將打散的蛋液、**1**、披薩用乳酪、鹽放入缽盆中混合攪拌。

3 在耐熱烤皿（長11×寬9×深5cm左右的深皿）的內側塗上少許奶油（分量外），然後倒入**2**。以預熱至170℃的烤箱烘烤15分鐘左右。

4 將2片吐司以1000W的小烤箱烘烤2～3分鐘。在一片吐司的單面塗上Ⓐ，然後放上**3**。以另一片吐司夾起來，然後切成一半。

 料理＆營養筆記

這道西班牙蛋餅三明治將章魚和乳酪的鮮味緊緊鎖住了。在美乃滋當中添加檸檬汁，製作出味道清爽的醬汁。

青花菜明太子
爆漿乳酪三明治

平均1人
355
kcal

材料（2人份）

吐司（裸麥、6片切）---2片
青花菜---1/3棵（50g）
Ⓐ
明太子---1腹（40g）
生薑---1/2片（3g）
美乃滋---2大匙
乳酪片---2片
奶油---5g

作法

1 青花菜分成小朵。準備一鍋加入少許鹽（分量外）的滾水，放入青花菜煮2分鐘左右。以網篩瀝乾水分之後，縱切成一半。

2 剝除Ⓐ明太子的薄皮之後，將明太子剝散，生薑磨成泥。將**1**、Ⓐ的材料放入缽盆中調拌。

3 以菜刀的刀尖沿著一片吐司的邊緣淺淺地切入切痕，然後以湯匙按壓，製作出凹陷處。在凹陷處放上乳酪片、**2**，再以另一片吐司夾起來（參照P.116的1～3）。

4 將奶油放入平底鍋中加熱融化，以稍小的中火加熱，放上**3**。蓋上鋁箔紙，再放上重石，煎烤2～3分鐘之後翻面，再度蓋上鋁箔紙，然後放上重石（參照P.116、117的4～7）。

5 煎烤上色之後取出，切成一半。

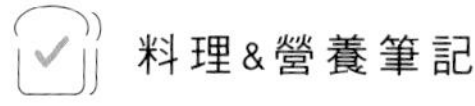

分量很多的明太子美乃滋風味熱三明治。與乳酪組合的時候，為了避免味道太過濃郁，加入磨成泥的生薑製造清爽感。

炸雞柳卷
沙拉菠菜三明治

材料（2人份）

長棍麵包（20cm長）---1個
雞里肌肉---2條
沙拉菠菜---20g
乳酪片---2片
鹽---1/4小匙
粗磨黑胡椒---1/4小匙
日式太白粉（片栗粉）---3大匙
打散的蛋液---1個份
麵包粉---6大匙
美乃滋---1大匙
炸豬排醬汁（市售品）
---個人喜好的分量
沙拉油---適量

作法

1 雞里肌肉切除硬筋，在左右兩邊切入淺淺的切痕，將肉攤開。上面覆蓋保鮮膜，以擀麵棒等敲打，薄薄地延展開來。兩面撒上鹽、粗磨黑胡椒，放置10分鐘左右。釋出水分之後以廚房紙巾擦乾。

2 乳酪片切成一半。將切成一半的乳酪片重疊放在**1**的1條雞里肌肉上面，然後一圈一圈地捲起來。另一條雞里肌肉也以相同的作法捲起來。

3 在平底鍋中倒入大約4cm深的沙拉油，加熱至180℃。依照日式太白粉（片栗粉）→打散的蛋液→麵包粉的順序，沾裹在**2**的上面，然後油炸4分鐘左右。

4 長棍麵包縱向切入切痕。在切痕上塗抹美乃滋，然後鋪上沙拉菠菜。將切成4等分的**3**夾在裡面，然後淋上炸豬排醬汁。

料理&營養筆記

雞里肌肉在雞肉當中是高蛋白、低熱量的部位，所以經過油炸之後還是可以做出清爽少負擔的料理。價格經濟實惠，是每天製作三明治的強力夥伴。

雞肉杏鮑菇
芥末籽奶油醬三明治

材料（2人份）

吐司（裸麥、6片切）---2片

雞腿肉---小的1片（200～250g）

杏鮑菇---1個（50g）

萵苣---菜葉1片

Ⓐ
- 鮮奶油（乳脂肪含量35%）---50ml
- 低筋麵粉---2小匙

芥末籽醬---2小匙

鹽---少許

橄欖油---2小匙

奶油---10g

作法

1 用叉子在雞肉整體表面戳洞。

2 杏鮑菇縱切成一半，再縱切成3mm厚的薄片。萵苣用手撕成要鋪在吐司上面的大小。將Ⓐ放入缽盆中混合攪拌備用。

3 將橄欖油倒入平底鍋中，然後將**1**的皮面朝下，以中火煎烤。上色之後翻面，蓋上鍋蓋，以稍小的中火燜煎3～4分鐘，煎熟之後取出。

4 以廚房紙巾將**3**的平底鍋中多餘的油擦乾淨。放入奶油，加熱融化之後放入**2**的杏鮑菇，以中火拌炒。倒入Ⓐ，變得濃稠之後加入芥末籽醬、鹽混合攪拌。

5 將2片吐司以1000W的小烤箱烘烤2～3分鐘。

6 在**5**的一片上面鋪放**2**的萵苣葉，再擺上**3**、**4**。以另一片吐司夾起來，然後切成一半。

料理&營養筆記

一開始就先將Ⓐ的材料混合備用，稍後即使加熱也不易出現結塊，可使醬汁容易變得濃稠。請將煎成金黃色的雞肉沾裹著醬汁享用。

番茄黑胡椒
辣雞肉三明治

平均1人 482 kcal

材料（2人份）

吐司（6片切）---2片

雞腿肉---小的1片（200～250g）

萵苣---菜葉1片

鹽---少許

低筋麵粉---2小匙

Ⓐ
- 粗磨黑胡椒---1/4小匙
- 番茄醬---3大匙
- 牛奶---1大匙
- 塔巴斯科辣醬---1/2小匙

橄欖油---2小匙

作法

1. 用叉子在雞肉的表面戳洞，整體撒上鹽，再裹上低筋麵粉。
2. 萵苣切成5mm寬的細絲。
3. 將橄欖油倒入平底鍋中，然後將**1**的皮面朝下，以中火煎烤。上色之後翻面，蓋上鍋蓋，以稍小的中火燜煎3～4分鐘。
4. 以廚房紙巾將**3**的平底鍋中多餘的油擦乾淨，然後放入Ⓐ，一邊沾裹雞肉一邊拌炒。關火之後放涼，取出來以斜刀片開。
5. 在一片吐司的上面鋪放**2**、**4**。在另一片吐司的單面塗上**4**的平底鍋中剩餘的Ⓐ。將塗上Ⓐ的那面朝下夾住之後，切成一半。

 料理&營養筆記

萵苣切成較粗的細絲，就能增添清脆的口感和滿足感。Ⓐ的醬汁是在番茄醬當中加入塔巴斯科辣醬，做成適合成人的辛辣番茄口味。

羅勒酪梨雞肉
長棍麵包三明治

平均1人
491
kcal

材料（2人份）

長棍麵包（10cm長）---2個
雞腿肉---150g
皺葉萵苣---菜葉2片
羅勒酪梨抹醬
（參照P.058）---4大匙
鹽---少許
粗磨黑胡椒---少許
低筋麵粉---2小匙
橄欖油---2小匙

作法

1. 雞肉切成一口大小，撒上鹽和粗磨黑胡椒抓拌，整體裹滿低筋麵粉。
2. 2個長棍麵包橫切成一半。
3. 將橄欖油倒入平底鍋中，然後將**1**的皮面朝下，以中火煎烤。上色之後翻面，蓋上鍋蓋，以稍小的中火燜煎3～4分鐘。
4. 在**2**的下半部上鋪放皺葉萵苣，再擺上**3**。放上羅勒酪梨抹醬塗開之後，以另外一半的麵包夾住。

 料理&營養筆記

請將風味豐富的羅勒酪梨抹醬，滿滿地沾裹住以鹽和胡椒充分調味過的雞肉。裹滿低筋麵粉之後再下鍋煎，就能製作出內層多汁、外層酥脆的雞肉。

牛肉鬆牛蒡
波隆那肉醬三明治

材料（2人份）

吐司（6片切）---2片
牛絞肉---80g
培根（塊）---30g
牛蒡---1/3根（50g）
洋蔥---1/4個（50g）
青花菜3日新芽---50g
大蒜---1瓣（6g）
鹽---1/4小匙
月桂葉---1片
番茄糊（3倍濃縮）---4大匙
紅酒---2大匙
橄欖油---2小匙

作法

1 培根切成粗末。牛蒡削皮之後切成5mm厚。洋蔥、大蒜分別切成碎末。青花菜3日新芽切除根部。

2 將橄欖油倒入平底鍋中，以小火炒**1**的大蒜。大蒜冒出香氣之後，放入牛蒡、洋蔥，撒上鹽，以中火拌炒。

3 蔬菜炒軟之後放入牛肉、**1**的培根、月桂葉，以煎匙等工具炒到變成較粗的肉鬆狀。

4 牛肉炒到大約半熟時，加入番茄糊、紅酒，炒到湯汁收乾為止。

5 在一片吐司的上面擺放**1**的青花菜3日新芽、已去除月桂葉的**4**。以另一片吐司夾起來，然後切成一半。

料理&營養筆記

使用牛絞肉和培根這2種肉，增加肉汁和鮮味。為了避免過於強調肉類，搭配牛蒡和洋蔥，做出清爽、容易入口的三明治。

莫扎瑞拉乳酪
多蜜牛肉三明治

平均1个
470
kcal

材料（2人份）

長棍麵包（10cm長）---2個
牛邊角肉---120g
紫洋蔥---1/6個（30g）
皺葉萵苣---菜葉2片
大蒜---1瓣（6g）
莫扎瑞拉乳酪---20g
Ⓐ 多蜜醬汁罐頭---5大匙
紅酒---2大匙
砂糖---1/2小匙
橄欖油---2小匙

作法

1. 2個長棍麵包從側面切成一半。
2. 紫洋蔥切成2mm厚的薄片，在冷水中浸泡5分鐘左右，然後瀝乾水分。皺葉萵苣用手撕成容易入口的大小。大蒜切成碎末。
3. 莫扎瑞拉乳酪用手剝碎成容易入口的大小。
4. 將橄欖油倒入平底鍋中，以小火炒**2**的大蒜。大蒜冒出香氣之後放入牛肉，以中火拌炒。牛肉炒到大約半熟時，加入Ⓐ繼續拌炒。
5. 在**1**的下半部鋪上**2**的皺葉萵苣，然後放上**4**、**2**的紫洋蔥。放上**3**之後，以上半部的麵包夾起來。

料理&營養筆記

牛肉以多蜜醬汁烹調而成，莫扎瑞拉乳酪的軟Q口感也很美味，是一款具有高級感的三明治。感覺想要奢侈一下的時候可以嚐嚐看。

皮羅什基餡餅風味冬粉三明治

平均1人
366
kcal

材料（2人份）

吐司（6片切）---2片
牛豬綜合絞肉---80g
洋蔥---1/6個（30g）
冬粉（乾燥）---10g
蛋---1個
肉豆蔻---少許
鹽---1/4小匙
奶油---10g

作法

1 洋蔥切成碎末。冬粉泡在溫水中15分鐘左右回軟，瀝乾水分之後切成容易入口的大小。

2 鍋中放入足以蓋過蛋的水量、恢復至常溫的蛋、鹽少許（分量外），開火加熱。以沸騰的狀態煮13分鐘左右，然後剝殼。以叉子的尖端大略壓碎。

3 將奶油放入平底鍋中加熱融化，以中火炒**1**的洋蔥。洋蔥變成淺褐色時加入綜合絞肉，以煎匙等工具炒到變成肉鬆狀。綜合絞肉炒到大約半熟時，加入**1**的冬粉、肉豆蔻、鹽，繼續拌炒。

4 2片吐司以1000W的小烤箱烘烤2～3分鐘。將**2**、**3**放在一片吐司上面，再以另一片吐司夾起來，然後切成一半。

料理&營養筆記

用吐司輕鬆重現俄羅斯的名產「皮羅什基餡餅」！簡單的調味讓人能夠感受到素材的鮮味。以包裝紙等包住的話，整體更能集中在一起，方便食用。

肉醬披薩吐司熱三明治

材料（2人份）

吐司（6片切）---2片
牛豬綜合絞肉---100g
洋蔥---1/6個（30g）
青椒---1個
大蒜---1瓣（6g）
番茄醬---3大匙
伍斯特醬---1小匙
披薩用乳酪
　---個人喜好的分量
橄欖油---2小匙
奶油---5g

作法

1 洋蔥切成2mm厚的薄片。青椒切成3mm厚的圓片。大蒜切成碎末。

2 將橄欖油倒入平底鍋中，以小火炒**1**的大蒜。大蒜冒出香氣之後，放入洋蔥以中火拌炒。

3 洋蔥炒軟之後放入綜合絞肉，以煎匙等炒到變成肉鬆狀。綜合絞肉炒到大約半熟時，加入番茄醬、伍斯特醬調味。

4 以刀尖沿著一片吐司的邊緣淺淺地切入切痕，然後以湯匙按壓，製作出凹陷處。在凹陷處放上**3**、**1**的青椒、披薩用乳酪，再以另一片吐司夾起來（參照P.116的1～3）。

5 將奶油放入平底鍋中加熱融化，以稍小的中火加熱，放上**4**。蓋上鋁箔紙，再放上重石之後煎烤。煎烤2～3分鐘之後翻面，再度蓋上鋁箔紙，然後放上重石（參照P.116、117的4～7）。

6 煎烤上色之後取出，切成一半。

 料理&營養筆記

使用充滿蔬菜和水果鮮味的伍斯特醬來提味，製作出味道濃厚、稍甜一點的肉醬。加入太多伍斯特醬的話會太搶味，請注意。

青椒香腸
肉桂拿坡里義大利麵三明治

材料（2人份）

熱狗麵包 - - - 2個
青椒 - - - 2個
香腸 - - - 2根
義大利麵（乾麵、1.6mm） - - - 50g
番茄醬 - - - 2大匙
肉桂粉 - - - 1/4小匙
帕馬森乳酪
（粉末） - - - 個人喜好的分量
奶油 - - - 10g

作法

1. 青椒縱切成一半，再斜切成3mm寬。香腸切成5mm厚的圓片。
2. 煮一鍋3L的滾水，加入鹽1又1/2大匙（分量外），用來煮義大利麵。比包裝上規定的時間早1分鐘取出（保留2大匙煮麵水備用）。
3. 將奶油放入平底鍋中加熱融化之後，把**1**放入鍋中拌炒。將香腸炒上色之後，倒入**2**的義大利麵和煮麵水繼續炒。
4. 加入番茄醬之後繼續拌炒，然後撒上肉桂粉調味。
5. 2個熱狗麵包縱向切入切痕。夾入**4**之後，撒上帕馬森乳酪。

POINT

以肉桂的甘甜風味做出
適合成人的拿坡里義大利麵

雖然是拿坡里義大利麵加肉桂粉這種出乎意料的組合，但是整個義大利麵瀰漫著肉桂的甘甜香氣，具有十足的風味。這是稍微帶有俐落感、味道濃郁的成人口味拿坡里義大利麵。

料理&營養筆記

使用紅椒代替青椒，可以做出配色漂亮又美味的拿坡里義大利麵。帕馬森乳酪撒多一點的話，能夠享受更柔和的味道。

辣豆西班牙香腸
麵包卷三明治

平均1人 238 kcal

材料（2人份）

麵包卷---2個

西班牙香腸---2根

紅葉萵苣---菜葉1片

Ⓐ
- 紅腰豆（水煮）---50g
- 番茄醬---2大匙
- 墨西哥香辣粉---1/2小匙
- 咖哩粉---1/4小匙

橄欖油---1小匙

作法

1. 在西班牙香腸的表面劃入大約5道淺淺的切痕。Ⓐ的紅腰豆瀝乾水分。將Ⓐ全部放入缽盆中調拌。
2. 紅葉萵苣用手撕成容易入口的大小。
3. 將橄欖油倒入平底鍋中，以中火煎**1**的西班牙香腸。
4. 2個麵包卷縱向切入切痕，以1000W的小烤箱烘烤2～3分鐘。鋪上**2**，夾入**3**、Ⓐ。

料理&營養筆記

以辣椒、奧勒岡、小茴香等混合製成的綜合香料「墨西哥香辣粉（chili powder）」，經常被用來製作墨西哥料理等。增添西班牙香腸的辣味，使味道變得更刺激。

醃茄子薩拉米香腸 法式開面三明治

平均1イ
341
kcal

材料（2人份）

英式馬芬---2個
茄子---1根
薩拉米香腸---6片

Ⓐ
- 大蒜---1/2瓣（3g）
- 巴薩米可醋---2大匙
- 橄欖油---1大匙
- 蜂蜜---2小匙
- 鹽---少許

橄欖油---1大匙

作法

1 茄子切除蒂頭，以刨片器等縱向切成薄片。泡在冷水中，然後充分瀝乾水分。

2 Ⓐ的大蒜切成細末。

3 將橄欖油倒入平底鍋中，以中火煎**1**的兩面。放涼之後，浸泡在Ⓐ之中，然後放在冷藏室中冷卻2小時左右。

4 2個英式馬芬分別從側面切成一半，以1000W的小烤箱烘烤2～3分鐘。

5 在**4**的下半部各放上薩拉米香腸3片，再放上**3**，然後以另外一半夾起來。

料理&營養筆記

茄子要充分浸泡在以巴薩米可醋添加酸味的醬汁當中，使之入味。請將冰涼的配料放在熱騰騰的馬芬上面，好好享用。

切達乳酪萵苣
瑪格麗特披薩風味三明治

平均1个
398
kcal

材料（2人份）

吐司（裸麥、6片切）---2片
切達乳酪（切片）---2片
萵苣---菜葉4片
薩拉米香腸---8片

大蒜---1/2瓣（3g）
番茄醬---3大匙
Ⓐ 美乃滋---2小匙
塔巴斯科辣醬---1/2小匙
羅勒（乾燥）---1/2小匙

作法

1 切達乳酪切成一半。萵苣用手撕成要鋪在吐司上面的大小。Ⓐ的大蒜磨成泥。

2 在2片吐司的單面塗上Ⓐ。

3 在**2**的其中一片吐司已經塗上Ⓐ的那面，依照順序放上**1**的萵苣→切達乳酪→薩拉米香腸，一共疊出4層，然後將另一片吐司已經塗上Ⓐ的那面朝下夾起來。以包裝紙包住，放置5分鐘左右，切成一半。

料理&營養筆記

來自瑪格麗特披薩的靈感，可以均衡地品嚐到肉、乳酪、蔬菜等全部配料的一款三明治。原本是使用莫札瑞拉乳酪製作的，這裡換成切達乳酪。

檸檬風味茅屋乳酪
煙燻牛肉三明治

平均1人 **172** kcal

材料（2人份）

切邊吐司---4片
茅屋乳酪---50g
煙燻牛肉---50g
萵苣---菜葉1片
Ⓐ 橄欖油---1小匙
Ⓐ 檸檬汁---1小匙
Ⓐ 蜂蜜---1/2小匙
Ⓐ 鹽---少許
粗磨黑胡椒---少許

作法

1. 萵苣用手撕成要鋪在切邊吐司上面的大小。
2. 將Ⓐ全部放入缽盆中攪拌均勻，加入茅屋乳酪之後繼續攪拌。
3. 在2片切邊吐司上面鋪上**1**，再放上煙燻牛肉。
4. 將**2**放在**3**的上面，撒上粗磨黑胡椒之後，分別以剩餘的2片吐司夾起來。

料理&營養筆記

以口感柔軟、容易入口的煙燻牛肉和茅屋乳酪，組合成柔和的味道。因為脂肪含量低，也很適合怕胖、正在瘦身的人享用。

義式培根萵苣
凱薩沙拉三明治

平均1人
317
kcal

材料（2人份）

吐司（裸麥、6片切）---2片
義式培根---30g
萵苣---菜葉4片

Ⓐ
- 大蒜---1/2瓣（3g）
- 鯷魚---2條
- 美乃滋---2大匙
- 帕馬森乳酪（粉末）---2小匙
- 粗磨黑胡椒---1/4小匙

作法

1. 萵苣用手撕成要鋪在吐司上面的大小。
2. Ⓐ的大蒜磨成泥，鯷魚切成碎末。
3. 2片吐司以1000W的小烤箱烘烤2～3分鐘。
4. 在**3**的2片吐司的單面塗上Ⓐ，然後將義式培根放在其中一片吐司塗好Ⓐ的那面。將**1**的萵苣葉重疊之後，由下而上捲起來，然後放在義式培根的上面。將另一片吐司已經塗上Ⓐ的那面朝下夾起來，以包裝紙包住，然後切成一半。

料理&營養筆記

「義式培根（pancetta）」是以鹽醃漬的豬五花肉。因為義式培根帶有鹹味、鮮味濃郁，搭配萵苣等清爽的蔬菜味道就會變得非常和諧。

炒高麗菜鹽醃牛肉咖啡廳三明治

材料（2人份）

吐司（6片切）---2片
高麗菜---菜葉2片
鹽醃牛肉---1/2罐（50g）
粗磨黑胡椒---1/4小匙
Ⓐ 美乃滋---1大匙
Ⓐ 芥末籽醬---1小匙
橄欖油---2小匙

作法

1. 高麗菜切成一口大小。鹽醃牛肉剝散。
2. 將橄欖油倒入平底鍋中，以中火炒**1**的高麗菜。上色之後撒上粗磨黑胡椒。
3. 在2片吐司的單面塗上Ⓐ，以1000W的小烤箱烘烤2～3分鐘。
4. 在**3**的其中一片吐司已經塗上Ⓐ的那面，放上**2**、**1**的鹽醃牛肉。將另一片吐司已經塗上Ⓐ的那面朝下夾起來，然後切成一半。

料理&營養筆記

一邊回想咖啡廳的菜單一邊設計出來的、帶有某種懷舊感的三明治。先塗上美乃滋和芥末籽醬混合而成的抹醬，然後以小烤箱烘烤，增添香氣。

薯餅法式清湯高麗菜三明治

材料（2人份）

吐司（山形、6片切）---2片
薯餅（市售品、冷凍）---2片
高麗菜---菜葉1片
Ⓐ
美乃滋---3大匙
法式清湯顆粒---1/4小匙
粗磨黑胡椒---少許
番茄醬---1大匙

作法

1 薯餅以1000W的小烤箱烘烤7～8分鐘。
2 高麗菜切成2mm寬的細絲，然後以Ⓐ調拌。
3 在2片吐司的單面塗上番茄醬，以1000W的小烤箱烘烤2～3分鐘。
4 在**3**的其中一片吐司已經塗上番茄醬的那面，放上**1**、**2**。將另一片吐司已經塗上番茄醬的那面朝下夾起來，然後切成一半。

料理&營養筆記

薯餅多半都是煎烤過後直接食用，夾在麵包裡的話，黏糊的口感也很美味。搭配法式清湯風味的高麗菜，感覺像在吃點心，請務必品嚐看看。

料理&營養筆記

鷹嘴豆含有豐富的蛋白質和食物纖維，具有整腸作用和緩解便祕的效果。香氣濃郁的帕馬森乳酪，只加入一點點的分量，就能創造出奢侈的味道。

鷹嘴豆紫高麗菜
帕馬森乳酪三明治

平均1人 301 kcal

材料（2人份）

切邊吐司---4片
紫高麗菜---菜葉2片
鷹嘴豆（水煮）---50g
鹽---少許

Ⓐ
生薑---1/2片（3g）
帕馬森乳酪---2小匙
美乃滋---3大匙
芥末籽醬---2小匙
蜂蜜---1小匙

作法

1 紫高麗菜切成2mm寬的細絲，撒鹽之後抓拌。待菜葉變軟、釋出水分之後，充分擠乾水分。

2 鷹嘴豆瀝乾水分。Ⓐ的生薑磨成泥，帕馬森乳酪刨絲。

3 將**1**、**2**的鷹嘴豆、Ⓐ放入缽盆中調拌。

4 將**3**放在2片切邊吐司的上面。分別以剩餘的2片吐司夾起來，然後切成一半。

白腰豆戈貢佐拉乳酪
蜂蜜奶油三明治

材料（2人份）

英式馬芬---2個
白腰豆（水煮）---100g
荷蘭芹---個人喜好的分量
戈貢佐拉乳酪---20g
奶油---5g
蜂蜜---2小匙

作法

1 白腰豆瀝乾水分，以叉子的尖端大略壓碎。荷蘭芹切成碎末。

2 將戈貢佐拉乳酪、奶油放入耐熱容器中，鬆鬆地包覆保鮮膜，以600W的微波爐加熱1分鐘左右。

3 將**1**的白腰豆、**2**、蜂蜜放入缽盆中混合攪拌。

4 英式馬芬從側面切成一半，以1000W的小烤箱烘烤2～3分鐘。在下半部塗上**3**之後撒上**1**的荷蘭芹，以另外一半夾起來。

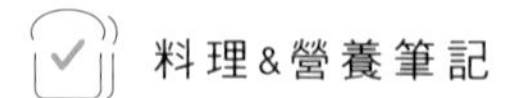

白腰豆不要壓得太碎，壓碎到稍微保留外皮的口感即可停止，做成抹醬之後甜度會更加明顯。請搭配戈貢佐拉乳酪，製作出濃郁的味道。

涼拌蘆筍
高麗菜三明治

平均1个 220 kcal

材料（2人份）

吐司（山形、6片切）---2片
蘆筍（綠）---2根
高麗菜---菜葉2片
鹽---1/4小匙
Ⓐ
- 橄欖油---2小匙
- 米醋---2小匙
- 砂糖---1小匙
- 粗磨黑胡椒---少許

作法

1 鍋中放入足量的水煮滾，放入蘆筍煮1分鐘左右。以網篩瀝乾水分之後，斜切成5mm厚。

2 高麗菜切成2mm寬的細絲，撒鹽之後抓拌。待菜葉變軟、釋出水分之後，充分擠乾水分。

3 將**1**、**2**、Ⓐ放入缽盆中調拌。

4 2片吐司以1000W的小烤箱烘烤2～3分鐘。將**3**放在一片吐司上面，再以另一片吐司夾起來，然後切成一半。

不使用美乃滋製作的清爽涼拌高麗菜。米醋可以感受到米的甜度和鮮味，讓味道變得溫潤。將綠色系的蔬菜齊聚一堂，外觀也很漂亮。

菠菜火腿乳酪
法式吐司三明治

平均1人
423
kcal

材料（2人份）

吐司（6片切）---2片
菠菜---1/2棵（25g）
里肌火腿---2片
乳酪片---2片
Ⓐ 牛奶---100ml
Ⓐ 打散的蛋液---2個份
Ⓐ 砂糖---1大匙
奶油---10g

作法

1 將Ⓐ放入長方形淺盤中混合攪拌，然後將2片吐司浸泡在裡面5～6分鐘。

2 準備一鍋足量的水，加入少許鹽（分量外）後煮開，將菠菜放入鍋中煮1分鐘左右。以網篩瀝乾水分，切成2cm長。

3 將奶油放入平底鍋中加熱融化，然後將**1**並排放入鍋中，以中火煎到兩面都淺淺地上色。

4 將里肌火腿、乳酪片、**2**放在**3**的其中一片吐司上面。以另一片吐司夾起來，然後切成一半。

 料理&營養筆記

將大量的菠菜、火腿、乳酪等配料，以法式吐司夾起來，嚼勁十足。菠菜含有豐富的鐵質，可望帶來預防貧血的效果。

青豆蛤蜊巧達濃湯風味三明治

材料（2人份）

切邊吐司---4片

青豆仁（冷凍）---80g

蛤蜊巧達濃湯風味抹醬
（參照P.060）---4大匙

作法

1 青豆仁解凍。

2 在2片切邊吐司的單面塗上蛤蜊巧達濃湯風味抹醬。

3 在**2**的吐司已經塗上抹醬的那面，放上**1**。分別以剩餘的2片吐司夾起來，然後切成一半。

料理＆營養筆記

青豆仁裂開的口感，和蛤蜊巧達濃湯的風味令人著迷。青豆仁含有豐富的非水溶性膳食纖維，所以能為我們調整腸胃的狀態。

番茄義式蔬菜湯風味三明治

材料（2人份）

吐司（6片切）---2片
培根（塊）---50g
洋蔥---1/6個（30g）
茄子---1/2個
紅葉萵苣---菜葉1片
大蒜---1/2瓣（3g）
番茄糊（3倍濃縮）---4大匙
奧勒岡粉---1/2小匙
鹽---少許
橄欖油---2小匙

作法

1 培根、洋蔥、茄子分別切成1cm小丁。
2 紅葉萵苣用手撕成要鋪在吐司上面的大小。大蒜磨成泥。
3 將橄欖油倒入平底鍋中，把**1**放入鍋中拌炒。上色之後，加入**2**的大蒜、番茄糊繼續拌炒。
4 撒上奧勒岡粉、鹽調味。
5 2片吐司以1000W的小烤箱烘烤2～3分鐘。
6 在**5**的其中一片吐司上鋪**2**的紅葉萵苣，再放上**4**。以另一片吐司夾起來，然後切成一半。

POINT

味道吃不膩的關鍵在於奧勒岡粉的清爽感

與番茄很對味的奧勒岡粉，即使加熱之後還是很容易保留風味，所以在品嚐的時候可以享受到撲鼻而來的爽快感。用來消除肉或魚的腥臭味也很有效。

料理＆營養筆記

將有許多配料的義式蔬菜湯轉換形式，改做成三明治。切成小丁的培根充分炒到上色為止，引出它的鮮味，這是美味的要領。

焗烤洋蔥風味乳酪熱三明治

材料（2人份）

吐司（6片切）---2片
洋蔥---1個（200g）
大蒜---2瓣（12g）
鹽---1/4小匙
粗磨黑胡椒---1/4小匙
披薩用乳酪---40g
奶油---15g

作法

1 洋蔥切成2mm厚的薄片。大蒜切成碎末。

2 將10g的奶油放入平底鍋中加熱融化，以小火炒**1**的大蒜。大蒜冒出香氣之後放入洋蔥，以中火慢慢炒15分鐘左右。經過約7分鐘時，撒上鹽、粗磨黑胡椒。

3 以菜刀的刀尖沿著一片吐司的邊緣淺淺地切入切痕，然後以湯匙按壓，製作出凹陷處。在凹陷處放上**2**、披薩用乳酪，再以另一片吐司夾起來（參照P.116的1～3）。

4 將剩餘的奶油放入平底鍋中加熱融化，以稍小的中火加熱，放上**3**。蓋上鋁箔紙，再放上重石煎烤。煎烤2～3分鐘之後翻面，再度蓋上鋁箔紙，然後放上重石（參照P.116、117的4～7）。

5 煎烤上色之後取出，然後切成一半。

料理&營養筆記

炒到變成褐色、引出甜味的洋蔥，和融化的乳酪都好吃得不得了，是我很得意的三明治食譜。不會太過濃郁的味道，吃到最後都很美味。

雙菇肉醬風味三明治

平均1人
235
kcal

材料（2人份）

麵包卷---2個
鴻喜菇---1/2袋（50g）
舞菇---1/2袋（50g）
肉醬風味培根抹醬
（參照P.060）---3大匙
鹽---少許
奶油---10g

作法

1 鴻喜菇切除堅硬的根部，用手剝散。舞菇也切除根部。

2 將奶油放入平底鍋中加熱融化，以中火拌炒**1**。菇類變軟之後，撒上鹽。

3 2個麵包卷縱向切入切痕。在切痕內塗上肉醬風味培根抹醬，然後把**2**夾起來。

料理&營養筆記

將鴻喜菇、舞菇、培根這些充滿鮮味的配料組合在一起。舞菇在菇類當中菸鹼酸的含量特別豐富，具有促進代謝的作用。

煎蛋卷培根
玉米南瓜三明治

平均1人
495
kcal

材料（2人份）

吐司（6片切）---2片
打散的蛋液---4個份
培根（切片、半片大小）---4片
玉米南瓜抹醬
（參照P.062）---6大匙
橄欖油---4小匙

作法

1. 製作煎蛋卷。將1小匙橄欖油倒入煎蛋卷鍋中，開中火加熱，並以廚房紙巾塗抹開來。將打散的蛋液的1/4量倒入整個鍋中，邊緣凝固之後以長筷等工具由後方往前方捲起來，然後移到煎蛋卷鍋的後方。
2. 在煎蛋卷鍋的前方將1小匙橄欖油薄薄地塗開，倒入剩餘蛋液的半量。將長筷伸入在**1**中已經捲起來的蛋卷下方，使蛋卷斜斜地浮起，讓蛋液分布在整個鍋中，然後以相同的方式捲起來。剩餘的蛋液也以相同的方式捲起來煎。
3. 將剩餘的橄欖油倒入煎蛋卷鍋中，以中火煎培根的兩面。
4. 在2片吐司的單面塗上玉米南瓜抹醬。在其中一片吐司已經塗上抹醬那面放上**3**，再放上**2**。將另一片吐司已經塗上抹醬那面朝下夾起來，然後切成一半。

 料理&營養筆記

以分量十足的煎蛋卷作為主要的配料，是一款不論白天或晚上都讓人想吃的三明治。培根的鹹味和玉米南瓜抹醬的甜味非常契合。

地瓜伯爵紅茶貝果三明治

平均1个
414
kcal

材料（2人份）

貝果---2個
地瓜---1/3條（約65g）
伯爵紅茶抹醬
（參照P.063）---60g

作法

1 鍋中放入足以蓋過地瓜的水煮滾，加入少許鹽（分量外）後以中火加熱。放入地瓜，以沸騰的狀態煮10～12分鐘。放涼之後，將地瓜切成1cm的小丁。
2 將1、伯爵紅茶抹醬放入缽盆中調拌。
3 2個貝果橫切成一半。
4 將2放在3的下半部上面，然後以另一半夾起來。

 料理&營養筆記

因為想要好好利用地瓜的甜味，不加砂糖等具有甜味的調味料。伯爵紅茶清爽的風味很棒，可以像甜點一樣享用。

紅豆泥檸檬奶油地瓜
三明治

平均1人 285 kcal

材料（2人份）

鄉村麵包---2片
帶殼紅豆餡（市售品）---50g
檸檬奶油地瓜抹醬
　（參照P.063）---50g

作法

1 將帶殼紅豆餡、檸檬奶油地瓜抹醬滿滿地塗在一片鄉村麵包上面。

2 以另一片麵包夾起來，然後切成一半。

 料理&營養筆記

鄉村麵包（pain de campagne）是一種味道單純的法國麵包，建議大家最好搭配像地瓜或紅豆餡這類味道很突出的食材。

盡情品嚐素材的鮮味

愉快享用麵包的20款手作抹醬

蔬菜或水果、肉類或海鮮等，食材的美味會瀰漫在口中的濃郁抹醬。
可以塗抹在自己喜歡的麵包上面，或是評比不同抹醬的味道，請試著愉快地享用吧！

Paste Recipe 1.

羅勒酪梨抹醬

材料和作法（約130g）

把1個酪梨切成較大的小丁，放入缽盆中，以叉子的尖端壓碎成泥。加入切成碎末的羅勒葉10片、橄欖油2小匙、鹽1/4小匙，攪拌均勻。

Paste Recipe 2.

生薑鮪魚抹醬

材料和作法（約100g）

把1罐鮪魚罐頭（油漬）瀝乾湯汁。生薑1/2片（3g）磨成泥。將鮪魚、生薑、奶油乳酪50g和少許的鹽放入缽盆中，攪拌均勻。

Paste Recipe 3.

卡門貝爾咖哩馬鈴薯抹醬

材料（約150g）

- 馬鈴薯 ---------- 1個（100g）
- 卡門貝爾乳酪（切塊） ---------- 3塊（60g）
- 牛奶 ---------- 1/2大匙
- 咖哩粉 ---------- 1/2小匙
- 醋 ---------- 1/2小匙
- 鹽 ---------- 少許

作法

1 馬鈴薯去皮，用水整體浸濕。放入耐熱容器中，鬆鬆地包覆保鮮膜，以600W的微波爐加熱4～5分鐘，趁熱以刮刀等壓碎。卡門貝爾乳酪細細剝碎。

2 將**1**、全部的材料放入缽盆中，充分攪拌均勻。

Paste Recipe 4.

蛤蜊巧達濃湯風味抹醬

材料（約135g）

- 蛤蜊（水煮） ---------- 50g
- 馬鈴薯 ---------- 1/2個（50g）
- 西洋芹 ---------- 10g
- 奶油乳酪 ---------- 50g
- 鹽、粗磨黑胡椒 ---------- 各少許

作法

1 馬鈴薯去皮，用水整體浸濕。放入耐熱容器中，鬆鬆地包覆保鮮膜，以600W的微波爐加熱4～5分鐘，趁熱以刮刀等壓碎。

2 蛤蜊肉以食物調理機攪拌。放入**1**、全部的材料，繼續攪拌到變得滑順為止。

Paste Recipe 5.

肉醬風味培根抹醬

材料（約180g）

- 培根（塊） ---------- 150g
- 洋蔥 ---------- 1/4個（50g）
- 大蒜 ---------- 1瓣（6g）
- 月桂葉 ---------- 1片
- 粗磨黑胡椒 ---------- 少許
- 白酒 ---------- 1大匙
- 橄欖油 ---------- 1大匙

作法

1 培根切成1cm的小丁。洋蔥、大蒜分別切成碎末。

2 將橄欖油倒入平底鍋中，以小火炒**1**的大蒜。大蒜冒出香氣之後放入洋蔥，以中火拌炒。

3 待洋蔥變軟之後，加入**1**的培根、月桂葉、粗磨黑胡椒，炒到上色，灑上白酒之後再炒1分鐘。稍微放涼，拿掉月桂葉，移入食物調理機中，攪拌到變得滑順為止。

3.
4.
5.

Paste Recipe 6.

番茄蝦仁抹醬

材料和作法（約160g）

100g的蝦仁（水煮）以食物調理機攪拌到變得滑順為止。加入優格（無糖）2大匙、番茄醬2大匙、美乃滋1大匙之後，繼續攪拌均勻。

Paste Recipe 7.

玉米南瓜抹醬

材料和作法（約130g）

100g的南瓜去除籽和籽囊，包上保鮮膜以600W的微波爐加熱3分鐘。去皮之後切成一口大小，排列在耐熱容器中，包覆保鮮膜加熱3分鐘。以叉子的尖端壓碎之後，加入切碎的玉米（罐頭）50g、鹽1/4小匙，攪拌均勻。

Paste Recipe 8.

番茄沙丁魚抹醬

材料和作法（約140g）

50g的沙丁魚罐頭（水煮）瀝乾水分，以食物調理機攪拌到變得滑順為止。加入奶油乳酪50g、番茄醬3大匙、醬油1/2小匙之後，繼續攪拌均勻。

Paste Recipe 9.

檸檬奶油地瓜抹醬

材料和作法（約160g）

煮滾一鍋熱水，放入1/2條（100g）去皮的地瓜煮10～12分鐘。煮到竹籤可以迅速插入時移入缽盆中，加入奶油10g，以刮刀等工具壓碎成泥。加入奶油乳酪50g、檸檬汁1小匙，攪拌均勻。

Paste Recipe 10.

蒔蘿鮭魚抹醬

材料和作法（約60g）

1g的蒔蘿葉子切成較粗的碎末。將切碎的蒔蘿葉子、日式鮭魚鬆（市售品）10g、奶油乳酪50g放入缽盆中，攪拌均勻。

Paste Recipe 11.

伯爵紅茶抹醬

材料和作法（約60g）

1/2小匙的伯爵紅茶茶葉細細切碎。將茶葉、恢復到常溫的奶油乳酪50g、蜂蜜1小匙、鹽少許放入缽盆中，攪拌均勻。

Paste Recipe 12.

雞肝醬油奶油抹醬

材料（約150g）

- 雞肝－－－－100g
- 大蒜－－－－1瓣（6g）
- 酸奶油－－－－50g
- Ⓐ 醬油、味醂、清酒－－－－各2小匙
- 奶油－－－－5g

作法

1. 大蒜切成碎末。
2. 奶油放入平底鍋中加熱融化，以小火炒**1**。大蒜冒出香氣之後放入雞肝，以中火拌炒。雞肝大約炒到半熟時，加入Ⓐ燉煮。
3. 放涼之後加入酸奶油調拌。移入食物調理機中，攪拌到變得滑順為止。

Paste Recipe 13.

明太子小芋頭抹醬

材料（約120g）

- 小芋頭（水煮）－－－－100g
- 明太子－－－－20g
- 奶油－－－－5g

作法

1. 小芋頭用水迅速洗淨。放入耐熱容器中，鬆鬆地包覆保鮮膜，以600W的微波爐加熱3分鐘之後放涼。放入缽盆中，以刮刀等工具壓碎成泥。
2. 將明太子、以微波爐加熱40秒左右的融化奶油加入**1**之中，攪拌均勻。

Paste Recipe 14.

芝麻舞菇抹醬

材料（約100g）

- 舞菇－－－－1袋（100g）
- 大蒜－－－－1瓣（6g）
- 芝麻醬（白）－－－－2大匙
- 鹽－－－－1/4小匙
- 芝麻油－－－－1大匙

作法

1. 舞菇切除堅硬的根部。大蒜切成薄片。
2. 將芝麻油倒入平底鍋中，以小火炒**1**的大蒜。大蒜冒出香氣之後放入舞菇，以中火炒到變軟，接著放涼。
3. 將**2**、芝麻醬、鹽放入食物調理機中，攪拌到變得滑順。

12.
13.
14.

Paste Recipe 15.

海苔馬斯卡彭抹醬

材料和作法（約60g）

將海苔醬（市售品）20g、馬斯卡彭乳酪50g、芝麻油1小匙放入缽盆中，攪拌均勻。

Paste Recipe 16.

柴魚毛豆抹醬

材料和作法（約100g）

毛豆（毛豆仁、水煮過）50g以食物調理機攪拌到變得滑順。加入奶油乳酪50g、柴魚片2g、醬油1/2小匙之後，繼續攪拌。

Paste Recipe 17.

柚子胡椒干貝抹醬

材料和作法（約95g）

將干貝50g以食物調理機攪拌。加入馬斯卡彭乳酪50g、柚子胡椒之後，繼續攪拌均勻。

Paste Recipe 18.

梅子奶油抹醬

材料和作法（約65g）

2個日式醃梅（蜂蜜醃漬、市售品）去籽之後，以菜刀剁碎。將剁碎的醃梅、奶油乳酪50g、粗磨黑胡椒少許放入缽盆中，攪拌均勻。

Paste Recipe 19.

味噌鯖魚抹醬

材料和作法（約100g）

50g的鯖魚罐頭（味噌煮）瀝乾湯汁。將鯖魚肉放入缽盆中，以叉子的尖端壓碎，加入奶油乳酪50g、味噌1小匙，攪拌均勻。

Paste Recipe 20.

鹽味秋刀魚抹醬

材料和作法（約100g）

秋刀魚罐頭（水煮）瀝乾水分。將50g的秋刀魚肉放入缽盆中，以叉子的尖端壓碎，加入奶油乳酪50g、芝麻油1小匙、鹽少許，攪拌均勻。

豬肉青紫蘇千層乳酪炸豬排三明治

平均1人 593 kcal

材料（2人份）

吐司（6片切）---2片
豬五花肉（薄片、8cm長）---9片
青紫蘇---4片
水菜---1/2棵（25g）
乳酪片---2片
低筋麵粉---2小匙
打散的蛋液---1個份
麵包粉---6大匙
炸豬排醬汁（市售品）---個人喜好的分量
沙拉油---適量

第2章 日式三明治

作法

1 水菜切成4cm長。

2 3片豬肉稍微往旁邊錯開位置，重疊在一起。依照青紫蘇2片→乳酪片1片的順序重疊。再次依照豬肉3片→青紫蘇2片→乳酪片1片的順序重疊，然後以剩餘的3片豬肉夾起來。

3 在平底鍋中倒入大約2cm深的沙拉油，加熱至170℃。依照低筋麵粉→打散的蛋液→麵包粉的順序，沾裹在**2**的上面，然後油炸6～7分鐘。

4 2片吐司以1000W的小烤箱烘烤2～3分鐘。將**1**的水菜鋪在一片吐司上面，再放上**3**。淋上炸豬排醬汁之後，以另一片吐司夾起來，然後切成一半。

料理&營養筆記

雖然是將豬五花肉薄片重疊在一起製作，但是因為與青紫蘇和乳酪等味道強烈的食材夾在一起去油炸，所以非常具有嚼勁！搭配水菜，吃起來很清爽。

由於麵包的甜味與日式溫和的風味非常契合，

日式食材和調味不只能搭配米飯，其實也非常適合搭配麵包。

請享用適合全家人、吃起來很美味的熟悉味道。

柚子胡椒味噌肉末蘑菇奶油醬三明治

平均1个
371
kcal

材料（2人份）

吐司（山形、6片切）---2片
豬絞肉---100g
蘑菇（褐色）---2個
生薑---1片（6g）

Ⓐ
- 味噌---2小匙
- 味醂---2小匙
- 醬油---1小匙
- 柚子胡椒---1/2小匙

奶油乳酪---1大匙
芝麻油---2小匙

作法

1 蘑菇縱切成2mm厚的薄片。生薑切成碎末。

2 將芝麻油倒入平底鍋中，以中火炒**1**的生薑。生薑冒出香氣之後放入豬肉，以煎匙等工具炒散成肉鬆狀。

3 豬肉炒到大約半熟時，加入Ⓐ。

4 2片吐司以1000W的小烤箱烘烤2～3分鐘。

5 在**4**的一片吐司的單面塗上奶油乳酪，放上**1**的蘑菇、**3**。以另一片吐司夾起來，然後切成一半。

料理&營養筆記

以柚子胡椒和味噌的組合，製作出清爽中帶著濃郁感的深厚滋味。與鮮味強烈、味道溫和的蘑菇非常對味。

石蓴豬肉時雨煮三明治

平均1人 462 kcal

材料（2人份）

吐司（6片切）---2片
豬五花肉（薄片）---100g
石蓴（乾燥）---5g
生薑---2片（12g）
韓國生菜---菜葉2片

Ⓐ
醬油---1大匙
砂糖---1大匙
清酒---1大匙
味醂---2小匙

奶油---5g
芝麻油---2小匙

作法

1. 豬肉切成3cm長。石蓴泡水還原之後瀝乾水分。生薑切成碎末。韓國生菜用手撕成要鋪在吐司上面的大小。
2. 奶油恢復至常溫。
3. 將芝麻油倒入平底鍋中，以中火炒**1**的生薑。生薑冒出香氣之後，放入豬肉一起拌炒。炒到豬肉大約半熟時，加入Ⓐ，繼續炒到湯汁收乾為止。
4. 在2片吐司的單面塗上**2**，以1000W的小烤箱烘烤2～3分鐘。
5. 在**4**的其中一片吐司已經塗上奶油的那面鋪上**1**的韓國生菜，再放上**1**的石蓴、**3**。將另一片吐司已經塗上奶油的那面朝下夾起來，然後切成一半。

 料理&營養筆記

將牛肉時雨煮改以豬五花肉製作，與石蓴一起夾入吐司中，突顯出海水的風味。石蓴與麵包相當適合搭配在一起，所以這是希望大家務必品嚐一次的三明治。

豬肉高麗菜
海苔馬斯卡彭三明治

平均1人 430 kcal

材料（2人份）

吐司（裸麥、6片切）---2片
豬邊角肉---100g
高麗菜---菜葉1片
大蒜---1瓣（6g）
紅辣椒（圓片）---1根份
海苔馬斯卡彭抹醬
　（參照P.066）---4大匙
Ⓐ 清酒---1大匙
Ⓐ 醬油---2小匙
Ⓐ 砂糖---1小匙
芝麻油---2小匙

作法

1 高麗菜切成2mm寬的細絲，浸泡在冰水中2分鐘左右，然後徹底瀝乾水分。大蒜切成碎末。

2 將芝麻油倒入平底鍋中，以小火炒**1**的大蒜、紅辣椒。大蒜冒出香氣之後，放入豬肉，以中火拌炒。

3 豬肉炒到大約半熟時，加入Ⓐ。

4 在一片吐司的單面塗上海苔馬斯卡彭抹醬，放上**1**的高麗菜、**3**。以另一片吐司夾起來，然後切成一半。

料理&營養筆記

在香醇鮮美的豬肉中添加海苔和馬斯卡彭乳酪的味道，統合成柔和的滋味。還使用了大量的高麗菜，請享受清脆的口感吧！

薑燒豬肉
萵苣三明治

平均1人 396 kcal

材料（2人份）

熱狗麵包---2個
豬五花肉（薄片）---100g
洋蔥---1/4個（50g）
萵苣---菜葉1片
Ⓐ
生薑---2片（12g）
清酒---1大匙
醬油---2小匙
蜂蜜---2小匙
蠔油---1小匙
美乃滋---個人喜好的分量
芝麻油---2小匙

作法

1 豬肉切成3cm長。

2 洋蔥切成2mm厚的薄片。萵苣切成5mm寬的細絲。Ⓐ的生薑磨成泥。

3 將芝麻油倒入平底鍋中，以中火炒**2**的洋蔥。洋蔥炒軟之後放入**1**一起炒。豬肉炒到大約半熟時，加入Ⓐ，炒到湯汁收乾為止。

4 2個熱狗麵包縱向切入切痕。夾入**2**的萵苣、**3**，然後淋上美乃滋。

 料理&營養筆記

薑燒料理很適合搭配米飯，不過其實搭配麵包也很出色。蠔油和醬油的雙重使用能加強鮮味，設計成亦適合麵包的調味。

和風BLT三明治

平均1人
397
kcal

材料（2人份）

吐司（裸麥、6片切）---2片
培根（切片、半片大小）---4片
蓮藕（5mm厚的圓片）---2片
番茄（1cm厚的圓片）---1片
鹽---1/4小匙
粗磨黑胡椒---1/4小匙

Ⓐ
- 美乃滋---2大匙
- 味噌---1小匙
- 砂糖---1小匙

沙拉油---2小匙

作法

1. 蓮藕、番茄分別在兩面撒上鹽、粗磨黑胡椒。
2. 將沙拉油倒入平底鍋中，以中火煎**1**的蓮藕、培根。將兩面煎烤上色之後取出。
3. 在2片吐司的單面塗上Ⓐ，以1000W的小烤箱烘烤2～3分鐘。
4. 在**3**的其中一片吐司已經塗上Ⓐ的那面，依照**2**的培根→蓮藕→**1**的番茄的順序重疊上去。將另一片吐司已經塗上Ⓐ的那面朝下夾起來，然後切成一半。

POINT

水分很多的番茄最後再放上去，享受麵包酥脆的口感吧！

番茄等水分多的配料，如果最先放上去的話，會造成麵包吸收水分而變軟。為了避免直接接觸麵包，最好先放水分少的配料，最後才放上水分多的配料。

料理&營養筆記

B＝培根，L＝蓮藕，T＝番茄，這是一款日式風味的BLT三明治。將蓮藕的兩面煎到上色為止，突顯出風味之後再夾起來吧！

紅紫蘇
白菜培根三明治

材料（2人份）

吐司（6片切）---2片

白菜---菜葉1片

培根（切片、半片大小）---4片

紅紫蘇（乾燥）---1/2小匙

奶油---5g

芝麻油---2小匙

作法

1. 白菜切成2cm小丁。培根橫切成一半。
2. 將芝麻油倒入平底鍋中，以中火炒**1**的白菜、培根。白菜炒軟之後撒上紅紫蘇調味。
3. 2片吐司以1000W的小烤箱烘烤2～3分鐘。
4. 在**3**的2片吐司的單面塗上奶油。在其中一片吐司已經塗上奶油的那面放上**2**，再將另一片吐司已經塗上奶油的那面朝下夾起來，然後切成一半。

料理&營養筆記

白菜當中含有鮮味成分麩胺酸，所以搭配同樣具有鮮味的培根就能製造出美味度破表的味道。加入紅紫蘇之後，就有日式風味的感覺了。

金平西洋芹火腿
馬芬三明治

材料（2人份）

英式馬芬---2個
西洋芹（莖）---1根（100g）
里肌火腿---2片
紅辣椒（圓片）---1/2根份
Ⓐ
醬油---1大匙
砂糖---2小匙
味醂---2小匙
芝麻油---2小匙

作法

1. 西洋芹切成5cm長的長方柱狀。
2. 將芝麻油倒入平底鍋中，以中火炒**1**的西洋芹、紅辣椒。西洋芹炒軟之後加入Ⓐ，然後繼續拌炒。
3. 2個英式馬芬從側面切成一半，以1000W的小烤箱烘烤2～3分鐘。
4. 在**3**的下半部各放上1片里肌火腿，再放上**2**。以另一半夾起來。

料理&營養筆記

將西洋芹做成金平料理，製作出既辛辣又清爽的味道。鬆軟的馬芬和金平料理的口感，吃到最後都不覺得膩。

豌豆莢香腸蛋鬆三明治

平均1人 270 kcal

材料（2人份）

麵包卷---2個
豌豆莢---小的8片
香腸---1根
Ⓐ
- 打散的蛋液---1個份
- 柴魚片---1/2袋（1g）
- 醬油---1/2小匙
- 味醂---1/2小匙

芝麻油---4小匙
奶油---5g

作法

1 豌豆莢斜切成3mm寬。香腸切成5mm厚的圓片。

2 將Ⓐ放入缽盆中混合備用。

3 將2小匙芝麻油倒入平底鍋中，放入**1**的香腸以中火翻炒。炒到上色之後放入豌豆莢，迅速炒一下，然後取出。

4 將**3**的平底鍋清洗乾淨之後，倒入剩餘的芝麻油，放入奶油加熱融化，然後倒入Ⓐ。縱向握住4根長筷，使用筷尖炒成顆粒細小的蛋鬆。關火之後放入**3**調拌。

5 2個麵包卷從側面切入切痕，夾入**4**。

料理&營養筆記

蛋鬆是用4根長筷將蛋液炒成細小的顆粒狀而成，鬆脆的口感使美味更加分。使用少量的奶油和柴魚片提味，製造出溫和且鮮味強烈的味道。

荷包蛋火腿
芝麻熱三明治

平均1人
394
kcal

材料（2人份）

吐司（6片切）---2片
荷包蛋---1個份
里肌火腿---2片
白菜---菜葉1/2片
芝麻舞菇抹醬
（參照P.064）---4大匙
乳酪片---1片
奶油---5g

作法

1 白菜的菜葉部分用手撕成容易入口的大小。

2 以菜刀的刀尖沿著一片吐司的邊緣淺淺地切入切痕，然後以湯匙按壓，製作出凹陷處。依照順序在凹陷處放上芝麻舞菇抹醬→乳酪片→里肌火腿→**1**→荷包蛋，再以另一片吐司夾起來（參照P.116的1～3）。

3 將奶油放入平底鍋中加熱融化，以稍小的中火加熱，放上**2**。蓋上鋁箔紙，放上重石之後煎烤。煎烤2～3分鐘之後翻面，再度蓋上鋁箔紙，放上重石（參照P.116、117的4～7）。

4 煎烤上色之後取出，然後切成一半。

料理&營養筆記

荷包蛋只煎單面也很美味，但是兩面都煎的話會比較容易夾在吐司裡面。芝麻舞菇抹醬能突顯出日式的鮮味。

溏心蛋青花菜
鹽麴美乃滋三明治

材料（2人份）

吐司（6片切）---2片
溏心蛋（參照下記）---1個份
青花菜---1/2棵（約80g）
青花菜芽---1/2盒（10g）
Ⓐ 生薑---1片（6g）
Ⓐ 美乃滋---3大匙
Ⓐ 鹽麴---1小匙

作法

1 溏心蛋參照下記的作法製作。縱切成4等分，然後再橫切成一半。

2 青花菜分成小朵。準備一鍋足量的水，煮沸並加入少許鹽（分量外），將青花菜放入鍋中煮2～3分鐘。以網篩瀝乾水分之後縱切成一半。青花菜芽切除根部。Ⓐ的生薑磨成泥。

3 將**2**、Ⓐ放入缽盆中調拌。

4 將**3**、**1**放在一片吐司上面。以另一片吐司夾起來，然後切成一半。

溏心蛋

材料（2個份）

蛋---2個
水---5大匙
麵味露（3倍濃縮）---2大匙
砂糖---1/2小匙

作法

1 蛋恢復至常溫。

2 鍋中裝入能蓋過蛋的水煮滾，加入少許鹽（分量外）。將**1**輕柔地放入鍋中，煮6分鐘左右之後，泡在冰水中冷卻4分鐘左右，然後剝殼。

3 將**2**、水、麵味露、砂糖裝入夾鍊保鮮袋中，一邊排除空氣一邊閉合起來。在冷藏室中醃漬一個晚上。

料理&營養筆記

將鹽麴加入美乃滋當中，做出清爽的味道。閃現光澤的溏心蛋蛋黃令人胃口大開。青花菜含有蘿蔔硫素，具有預防癌症的效果。

糖醋雞丁柴魚毛豆三明治

平均1人 519 kcal

材料（2人份）

吐司（6片切）---2片
雞腿肉---1/2片（120g）
鴨兒芹---1/2棵（20g）
柴魚毛豆抹醬
（參照P.066）---4大匙
鹽---少許
粗磨黑胡椒---少許
日式太白粉（片栗粉）---2小匙

Ⓐ
- 砂糖---1又1/2大匙
- 醋---1又1/2大匙
- 醬油---1大匙
- 清酒---2小匙

炒芝麻（黑）---1/2小匙
沙拉油---2大匙

作法

1. 鴨兒芹切成3cm長。
2. 雞肉切成3cm大小，撒上鹽、粗磨黑胡椒之後抓拌。整體沾裹日式太白粉（片栗粉）。
3. 將沙拉油倒入平底鍋中，然後把**2**的皮面朝下放入鍋中，以中火煎烤。上色之後，暫時先關火，以廚房紙巾擦掉多餘的油。加入Ⓐ之後再度以中火加熱，一邊讓雞肉沾裹醬汁一邊拌炒。
4. 2片吐司以1000W的小烤箱烘烤2～3分鐘。
5. 在**4**的2片吐司的單面塗上柴魚毛豆抹醬，在其中一片吐司已經塗上抹醬的那面放上**3**、**1**之後，撒上炒芝麻。將另一片吐司已經塗上抹醬的那面朝下夾起來，然後切成一半。

POINT

擦掉多餘的油
可增加醬汁沾裹的量！

加入Ⓐ的醬料時，如果還有煎烤雞肉時殘留下來的多餘油脂，醬汁就不易沾附在雞肉上面。以廚房紙巾擦掉多餘的油，醬汁就會變得更容易沾裹住雞肉。

料理&營養筆記

糖醋醬汁很適合搭配毛豆和柴魚片的風味，烤得酥脆的麵包和柔嫩的雞肉口感是絕佳的美味。醋具有消除疲勞的功效，所以也適合用來保養身體。

山葵海帶芽
鹽麴雞胸肉三明治

平均1人
287
kcal

材料（2人份）

吐司（6片切）---2片
雞胸肉---1/2片（130g）
海帶芽（鹽漬）---20g
萵苣---菜葉1片
鹽麴---1大匙
芝麻油---2小匙
山葵醬---1/2小匙

作法

1 雞肉去皮，用叉子在整體表面戳洞。放入缽盆中，加入鹽麴抓拌，包覆保鮮膜之後放在冷藏室冷卻2小時以上（如果時間充裕的話，醃漬12小時以上會更加美味）。

2 鍋中放入足量的水煮滾，煮滾之後加入**1**，蓋上鍋蓋，關火。就這樣放著直到變涼為止，取出雞肉，切成5mm厚的薄片。

3 海帶芽用水清洗之後瀝乾水分，切成1cm長。與芝麻油、山葵醬一起放入缽盆中調拌。

4 萵苣用手撕成要鋪在吐司上面的大小。

5 2片吐司以1000W的小烤箱烘烤2～3分鐘。其中一片吐司先鋪上**4**，再放上**2**、**3**。以另一片吐司夾起來，然後切成一半。

料理&營養筆記

以芝麻油和山葵醬使海帶芽充分入味，夾在吐司當中享用時，味道會擴散在整個嘴裡。海帶芽每100g只有16kcal的熱量，這點也令人很滿意。

水菜照燒雞肉貝果三明治

平均1人 481 kcal

材料（2人份）

貝果（原味）---1個
雞腿肉---小的1片（200～250g）
水菜---10g

Ⓐ
- 醬油---1大匙
- 清酒---1大匙
- 味醂---2小匙

Ⓑ
- 美乃滋---1大匙
- 粗磨黑胡椒---1/2小匙

沙拉油---2小匙

作法

1 水菜切成2cm長。

2 將沙拉油倒入平底鍋，然後將雞肉的皮面朝下放入鍋中，以中火煎烤。上色之後翻面，蓋上鍋蓋，以稍小的中火煎烤3～4分鐘。

3 以廚房紙巾擦掉多餘的油，加入Ⓐ之後再度以中火加熱，一邊讓雞肉沾裹醬汁一邊拌炒。

4 貝果從側面切成一半。在下半部放上**3**，塗上Ⓑ之後放上**1**。以另一半夾起來，再切成一半。

料理&營養筆記

利用手邊的調味料就能完成、豪華的照燒雞肉三明治。水菜當中含有β-胡蘿蔔素和維生素E等，可望具有抗氧化的功能，對於防止老化很有效果。

雞肉末明太子小芋頭三明治

平均1個
302
kcal

材料（2人份）

熱狗麵包---2個
雞腿絞肉---100g
珠蔥---2根
生薑---1片（6g）
明太子小芋頭抹醬
（參照P.064）---4大匙
Ⓐ 清酒---1大匙
Ⓐ 醬油---2小匙
Ⓐ 味醂---2小匙
沙拉油---2小匙

作法

1. 珠蔥斜切成2cm長。生薑切成碎末。
2. 將沙拉油倒入平底鍋中，以中火炒**1**的生薑。生薑冒出香氣之後，放入雞肉，以煎匙等炒散成肉鬆狀。
3. 雞肉炒到大約半熟時，加入Ⓐ，炒到湯汁收乾為止。
4. 熱狗麵包縱向切入切痕。在切痕處塗上明太子小芋頭抹醬，把**3**夾起來。最後放上**1**的珠蔥。

料理&營養筆記

小芋頭做成抹醬的話會產生黏性，所以也可以像沾醬一樣使用。辛辣的明太子小芋頭抹醬和較甜的雞肉末，味道很協調。

雞柳秋葵
酸橘醋美乃滋三明治

平均1人
202
kcal

材料（2人份）

切邊吐司---4片
雞里肌肉---1條
秋葵---3根
青花菜芽---1盒（20g）
鹽---少許
砂糖---少許
Ⓐ 美乃滋---2大匙
Ⓐ 酸橘醋---2小匙

作法

1 雞里肌肉切除硬筋，以叉子在整體表面戳洞。撒上鹽、砂糖抓拌之後，放置20分鐘左右。

2 在鍋中放入足量的水煮滾，放入秋葵煮1分鐘左右。保留熱水，秋葵以網篩瀝乾水分，切成1cm厚的圓片。

3 將**2**的鍋中熱水再度煮滾。放入**1**，蓋上鍋蓋，以關火的狀態加熱10～12分鐘。放涼之後，用手撕散雞肉。青花菜芽切除根部。

4 將**2**、**3**、Ⓐ放入缽盆中調拌。

5 將**4**放在2片切邊吐司上面。以其餘2片吐司分別夾起來，然後切成一半。

 料理&營養筆記

用雞里肌肉、秋葵、青花菜芽以酸橘醋風味製作而成，味道很清爽。秋葵黏稠的成分會對腸道產生作用，將有害物質排出體外。

香菜生薑咖哩雞塊三明治

平均1人 475 kcal

材料（2人份）

吐司（6片切）---2片

香菜---1棵

Ⓐ
- 雞腿絞肉---150g
- 生薑---1片（6g）
- 美乃滋---1大匙
- 咖哩粉---1小匙
- 日式太白粉（片栗粉）---2大匙
- 鹽---少許

Ⓑ
- 生薑---1/2片（3g）
- 美乃滋---1大匙

芝麻油---1大匙

作法

1. 香菜切成3cm長。Ⓐ、Ⓑ的生薑分別磨成泥。
2. 製作生薑咖哩雞塊（Ⓐ）。將Ⓐ全部放入缽盆中，用手抓拌到產生黏性為止。分成6等分，做成橢圓形。
3. 將芝麻油倒入平底鍋中，並排放入**2**，以中火煎烤。單面煎烤5分鐘之後翻面，再煎烤2分鐘。
4. 2片吐司以1000W的小烤箱烘烤2～3分鐘。
5. 在**4**的單面放上**3**，淋上Ⓑ。放上**1**的香菜，以另一片吐司夾起來，然後切成一半。

 料理&營養筆記

油炸過後容易變得油膩的雞塊，加上生薑就能夠吃得清爽。在炸衣當中加入美乃滋，即可做出鬆軟美味的雞塊。

雞肝舞菇
白味噌奶油醬三明治

平均1人 **422** kcal

材料（2人份）

吐司（裸麥、6片切）---2片
雞肝---100g
舞菇---1/2盒（50g）
萵苣---菜葉1片
Ⓐ 清酒---1大匙
Ⓐ 醬油---2小匙
Ⓐ 味醂---2小匙
Ⓑ 酸奶油---4大匙
Ⓑ 味噌（白）---2小匙
芝麻油---2小匙

作法

1. 雞肝切成一口大小。在缽盆中準備鹽水（以水500ml對鹽1小匙的比例製作），輕柔地清洗雞肝。以網篩瀝除水分之後，用廚房紙巾擦乾水分。
2. 舞菇切除根部之後用手剝散。萵苣用手撕成要鋪在吐司上面的大小。
3. 將芝麻油倒入平底鍋中，以中火炒**1**、**2**的舞菇。雞肝表面上色之後，加入Ⓐ一起拌炒。
4. 在2片吐司的單面塗上Ⓑ。在其中一片已經塗上Ⓑ的那面放上**2**的萵苣、**3**。將另一片吐司已經塗上Ⓑ的那面朝下夾起來，然後切成一半。

 料理&營養筆記

雞肝當中含有動物性的血基質鐵，在體內的吸收率很高，所以在感覺有點貧血的時候也推薦食用。日式調味料與帶有酸味的酸奶油味道很協調。

長蔥烤牛肉三明治

平均1个
410
kcal

材料（2人份）

長棍麵包（10cm長）---2個
烤牛肉（參照下記）---100g
長蔥（蔥白的部分）---1根份
Ⓐ
- 生薑---1片（6g）
- 炒芝麻（白）---2小匙
- 芝麻油---1大匙
- 醋---2小匙
- 蠔油---1小匙

作法

1 烤牛肉參照下記製作，然後切成2mm厚的薄片。

2 長蔥去除硬芯之後，切成極細的細絲。Ⓐ的生薑切成碎末。

3 將Ⓐ放入缽盆中混合攪拌，再放入**2**的長蔥調拌。

4 2個長棍麵包以1000W的小烤箱烘烤2～3分鐘。從側面切成一半，放上**1**、**3**之後夾起來。

烤牛肉

材料（200～300g）

牛腿肉（塊狀）---200～300g
鹽---1/4小匙
粗磨黑胡椒---1/4小匙

作法

1 牛肉恢復常溫，撒上鹽、粗磨黑胡椒抓拌。以預熱至120℃的烤箱烘烤40分鐘左右。

2 將**1**取出之後以兩層鋁箔紙包起來，冷卻至變涼為止。

料理&營養筆記

在家裡簡單就能完成的烤牛肉，請務必挑戰看看。長蔥切成極細的細絲，清脆的口感搭配烤牛肉，吃起來十分美味。

卡門貝爾乳酪
山椒牛肉壽喜燒三明治

材料（2人份）

熱狗麵包---2個
牛肉（薄片）---100g
卡門貝爾乳酪（切塊）
---2塊（40g）
青花菜芽---1/2盒（10g）
Ⓐ 醬油---1大匙
Ⓐ 清酒---1大匙
Ⓐ 味醂---1大匙
Ⓐ 砂糖---2小匙
山椒---1/2小匙
芝麻油---2小匙

作法

1. 卡門貝爾乳酪用手剝碎成容易入口的大小。青花菜芽切除根部。
2. 將芝麻油倒入平底鍋中，以中火翻炒牛肉。牛肉炒到大約半熟時，加入Ⓐ，炒到湯汁收乾約一半之後撒上山椒。
3. 2個熱狗麵包縱向切入切痕。放上**2**、**1**的卡門貝爾乳酪，夾起來。
4. 以1000W的小烤箱烘烤**3**，直到卡門貝爾乳酪稍微融化為止。烤好之後取出，放上**1**的青花菜芽。

料理&營養筆記

入口即化的牛肉壽喜燒與卡門貝爾乳酪的軟黏感，令人胃口大開。在溫和的味道當中，還能品嚐到山椒的辛辣風味。

牛排肉西洋菜
醬油奶油三明治

材料（2人份）

吐司（裸麥、6片切）---2片
牛排肉---1片（150g）
西洋菜---1/2把（25g）
鹽---少許
粗磨黑胡椒---少許
醬油---2小匙
味醂---1小匙
奶油---10g

作法

1. 牛肉恢復常溫，在兩面撒上鹽、粗磨黑胡椒。
2. 西洋菜切成2cm長。
3. 將奶油放入平底鍋中加熱融化，以中火煎烤**1**。兩面都上色之後，加入醬油、味醂調味。加入**2**之後迅速炒一下。
4. 2片吐司以1000W的小烤箱烘烤2～3分鐘。在其中一片放上**3**。以另一片吐司夾起來，然後切成一半。

料理&營養筆記

豪邁地放上牛排肉的豐盛三明治。吐司和牛肉的柔軟度絕佳，醬油奶油味亦是受到男女老少喜愛的味道。也可以在吐司上塗抹山葵醬享用！

納豆小黃瓜
醃黃蘿蔔乳酪三明治

平均1人
296
kcal

材料（2人份）

吐司（6片切）---2片
納豆---1盒（40g）
小黃瓜---1根
醃黃蘿蔔（市售品）---20g
切達乳酪（切片）---1片

Ⓐ
美乃滋---1大匙
醬油---1小匙

作法

1 小黃瓜橫切成一半，然後切成3mm厚的薄片。醃黃蘿蔔切成粗末。

2 將**1**的醃黃蘿蔔、納豆放入缽盆中調拌。

3 在一片吐司的單面塗上Ⓐ。另一片則放上切達乳酪，2片都以1000W的小烤箱烘烤2～3分鐘。

4 在**3**塗上Ⓐ的那片吐司上面放上重疊的**1**的小黃瓜，然後再放上**2**。將另一片吐司放上切達乳酪的那面朝下夾起來，然後切成一半。

料理&營養筆記

將切得較大一點的醃黃蘿蔔和小黃瓜組合在一起，享受咔滋咔滋口感的一款三明治。麵包烘烤過後香氣撲鼻，與配料非常對味，所以吃起來非常享受。

焦香奶油玉米三明治

平均1人
349
kcal

材料（2人份）

吐司（山形、6片切）---2片
玉米---1根
粗磨黑胡椒---1/3小匙
伍斯特醬---1大匙
帕馬森乳酪（粉末）---1小匙
奶油---10g

作法

1 玉米從梗削下玉米粒。

2 將奶油放入平底鍋中加熱融化，以中火炒**1**，上色之後撒上粗磨黑胡椒。加入伍斯特醬，炒到充分上色為止。

3 2片吐司以1000W的小烤箱烘烤2～3分鐘。

4 將**2**放在**3**的其中一片吐司上面，撒上帕馬森乳酪。以另一片吐司夾起來，然後切成一半。

料理&營養筆記

以伍斯特醬和奶油來炒玉米，突顯出甜味和香氣。如果買不到生的玉米，使用玉米罐頭代替也沒關係。

羊棲菜豆苗日式炒麵三明治

平均1人 341 kcal

材料（2人份）

吐司（6片切）---2片
羊棲菜（乾燥）---2g
豆苗---1/2盒（50g）
蕎麥麵（冷藏）---50g
大蒜---1瓣（6g）
紅辣椒（圓片）---1根份
醬油---1小匙
鹽---少許
Ⓐ 美乃滋---1大匙
Ⓐ 芥末醬---1/2小匙
芝麻油---1大匙

作法

1 羊棲菜泡水還原之後瀝乾水分。
2 豆苗切除根部。大蒜切成碎末。
3 將芝麻油倒入平底鍋中，以小火炒**2**的大蒜、紅辣椒。大蒜冒出香氣之後，放入蕎麥麵、水1大匙（分量外），一邊將麵條撥散一邊拌炒。
4 放入**1**、**2**的豆苗一起炒。豆苗變軟之後加入醬油、鹽調味。
5 在2片吐司的單面塗上Ⓐ。
6 將**4**放在**5**的其中一片吐司已經塗上Ⓐ的那面。將另一片吐司已經塗上Ⓐ的那面朝下夾起來，然後切成一半。

POINT

柔軟Q彈×清清脆脆的口感組合，味道層次分明

軟Q的蕎麥麵，搭配有著清脆口感的豆苗等蔬菜，將口感迥異的食材組合在一起，層次分明，吃起來更加美味。

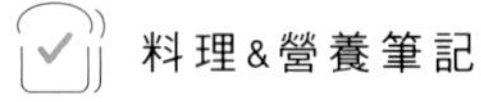

使用蕎麥麵，做成日式風味的「日式炒麵」三明治。羊棲菜和豆苗炒成「香蒜辣椒風味」，為整體味覺增添了深度。麵包沒有經過烘烤，保持濕潤的質感。

酪梨炸蝦排
檸檬醬汁三明治

平均1人
419 kcal

材料（2人份）

吐司（6片切）---2片
蝦仁---100g
酪梨---1/2個
皺葉萵苣---菜葉2片
生薑---1片（6g）
鹽---少許
日式太白粉（片栗粉）---2小匙
低筋麵粉---2小匙
打散的蛋液---1/2個份
麵包粉---4大匙
Ⓐ 伍斯特醬---2小匙
Ⓐ 檸檬汁---1/2小匙
沙拉油---適量

作法

1 蝦仁用菜刀大略剁碎，撒鹽之後靜置5分鐘左右。以廚房紙巾徹底擦乾水分。

2 酪梨切成5mm厚。皺葉萵苣用手撕成容易入口的大小。生薑磨成泥。

3 製作炸蝦排。將**1**、**2**的生薑、日式太白粉（片栗粉）放入缽盆中，用手混合攪拌，做成圓形。

4 在平底鍋中倒入大約4cm深的沙拉油，加熱至180℃。依照低筋麵粉→打散的蛋液→麵包粉的順序沾裹在**3**的上面，然後油炸4～5分鐘。

5 2片吐司以1000W的小烤箱烘烤2～3分鐘，分別在單面塗上Ⓐ。

6 在**5**的其中一片吐司已經塗上Ⓐ的那面，鋪上**2**的皺葉萵苣。放上**4**，再放上重疊在一起的酪梨。將另一片吐司已經塗上Ⓐ的那面朝下夾起來，然後切成一半。

料理&營養筆記

為了能吃到最後都覺得清爽，在炸蝦排的配料當中加進了磨成泥的生薑。醬汁當中加進了檸檬汁，使味道更加清爽。

魩仔魚乾
和風德式炒馬鈴薯三明治

材料（2人份）

熱狗麵包---2個
魩仔魚乾---20g
馬鈴薯---1個（100g）
洋蔥---1/4個（50g）
青紫蘇---4片
大蒜---1瓣（6g）
蠔油---1小匙
鹽---少許
粗磨黑胡椒---1/3小匙
橄欖油---2小匙

作法

1 馬鈴薯去皮。準備一鍋足量的水，煮沸並加入少許鹽（分量外），放入馬鈴薯，煮到能以竹籤迅速插入為止。以網篩瀝乾水分，然後切成一口大小的滾刀塊。

2 洋蔥切成1cm寬的瓣形。青紫蘇切成1mm寬的細絲（預先保留少量作為裝飾之用）。大蒜切成碎末。

3 將橄欖油倒入平底鍋中，以小火炒**2**的大蒜。大蒜冒出香氣之後，放入洋蔥以中火拌炒。

4 洋蔥炒軟之後放入**1**、魩仔魚乾一起炒。加入蠔油、鹽、粗磨黑胡椒調味。關火，加入**2**的青紫蘇調拌。

5 2個熱狗麵包縱向切入切痕。夾入**4**，然後放上預先保留的青紫蘇。

料理&營養筆記

在充分入味的德式炒馬鈴薯中加入青紫蘇，做成清爽的日式風味。以酥脆口感成為亮點的魩仔魚乾裹滿馬鈴薯。

魩仔魚高麗菜
鹽昆布奶油醬三明治

平均1個
334
kcal

材料（2人份）

吐司（6片切）---2片
半乾魩仔魚---40g
高麗菜---菜葉2片
奶油乳酪（方塊）---2個
鹽昆布---1大匙
美乃滋---2大匙
醬油---1小匙

作法

1 高麗菜切成2mm寬的細絲，泡在冰水中2分鐘左右，然後瀝乾水分。

2 奶油乳酪切成4等分。鹽昆布以廚房剪刀剪碎。

3 將**1**、**2**、半乾魩仔魚、美乃滋、醬油放入缽盆中調拌。

4 將**3**放在一片吐司上面，以另一片吐司夾起來，然後切成一半。

料理&營養筆記

使用2片高麗菜葉製作，滿滿的蔬菜吃起來嚼勁十足。將鮮嫩多汁的高麗菜、濃郁的奶油乳酪、魩仔魚的鹹味、鹽昆布的鮮味合而為一。

烤鮭魚水菜
梅子奶油三明治

材料（2人份）

吐司（山形、6片切）---2片
鮭魚（切片）---1片
水菜---1/2棵（25g）
梅子奶油抹醬
　（參照P.067）---2大匙

作法

1 鮭魚以烤魚烤箱單面各烤3～4分鐘，兩面都烤上色。放涼之後，去除魚骨，將魚肉大略剝碎。

2 水菜切成3cm長。

3 在一片吐司的單面塗上梅子奶油抹醬。

4 在**3**已經塗上抹醬的那面放上**2**、**1**。以另一片吐司夾起來，然後切成一半。

料理&營養筆記

水菜、鮭魚、日式醃梅&奶油乳酪的抹醬，雖然是清淡的組合，卻能充分傳達出它的美味。鬆軟鮭魚的鮮味，讓人吃了就會上癮喲！

柴魚片醃洋蔥 柳葉魚三明治

材料（2人份）

吐司（6片切）---2片

柳葉魚---4尾

洋蔥---1/6個（30g）

生薑---1片（6g）

柴魚片---1袋（2g）

酸橘醋---2大匙

Ⓐ 美乃滋---1大匙

Ⓐ 七味辣椒粉---1/2小匙

作法

1. 柳葉魚以烤魚烤箱等單面各烤4分鐘。
2. 洋蔥切成2mm厚的薄片，泡在冷水中5分鐘左右，然後充分瀝乾水分。生薑磨成泥。
3. 將**2**、柴魚片、酸橘醋放入缽盆中調拌。
4. 2片吐司單面塗上Ⓐ。在其中一片吐司已經塗上Ⓐ的那面將**1**並排擺放，然後放上**3**。將另一片吐司已經塗上Ⓐ的那面朝下夾起來，然後切成一半。

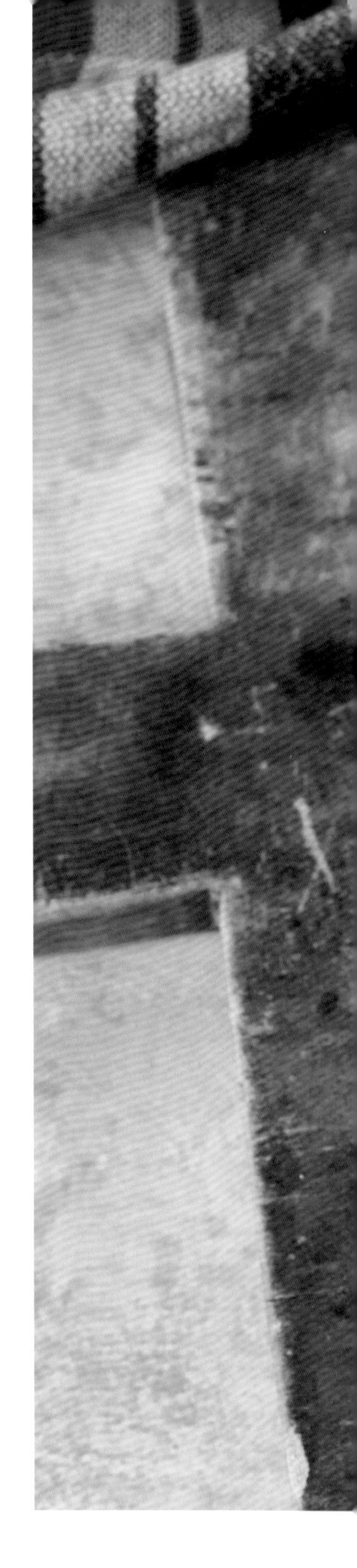

料理&營養筆記

雖是柳葉魚×麵包的罕見組合，卻非常美味。將醋漬柴魚片放在烤成金黃色的柳葉魚上面，與帶有辣味的美乃滋抹醬一起享用。柳葉魚魚卵的顆粒感非常適合與洋蔥做搭配。

珠蔥洋蔥
柚子胡椒干貝麵包卷三明治

平均1人
168
kcal

材料（2人份）

麵包卷---2個
洋蔥---1/4個（50g）
珠蔥---2根
柚子胡椒干貝抹醬
（參照P.066）---4大匙

作法

1 洋蔥切成2mm厚的薄片，泡水5分鐘左右，然後瀝乾水分。

2 珠蔥切成蔥花。

3 將**1**、柚子胡椒干貝抹醬放入缽盆中調拌。

4 2個麵包卷縱向切入切痕。夾住**3**，然後撒上**2**。

料理&營養筆記

將柚子胡椒干貝抹醬的絕佳風味，與口感很棒的蔬菜搭配在一起。洋蔥直接生吃的話辣味強烈，所以請先充分泡水之後再使用。

獅子辣椒蟹肉棒
香辣美乃滋三明治

材料（2人份）

麵包卷---2個

蟹肉棒---50g

獅子辣椒---4根

Ⓐ 美乃滋---2大匙

Ⓐ 豆瓣醬---1/2小匙

作法

1 蟹肉棒大略剝散。

2 獅子辣椒切成5mm厚的圓片。

3 2個麵包卷縱向切入切痕。在切痕處塗上Ⓐ，然後夾住**1**、**2**。

料理&營養筆記

鮮味溫和的蟹肉棒和辣度稍減的獅子辣椒很美味。獅子辣椒裡面籽的部分，有時候會很辣，所以試吃之後如果太辣的話，也可以把籽去掉。

鱈魚子山藥泥熱三明治

材料（2人份）

吐司（裸麥、6片切）---2片
山藥---50g
鱈魚子---1腹（40g）
鴨兒芹---1/2棵（20g）
麵味露（3倍濃縮）---2小匙
奶油---5g

作法

1 山藥磨成泥。鱈魚子撕除薄皮之後，剝散魚卵。鴨兒芹切成2cm長。

2 將**1**的山藥、鱈魚子、麵味露放入缽盆中混合攪拌。

3 以菜刀的刀尖沿著一片吐司的邊緣淺淺地切入切痕，然後以湯匙按壓，製作出凹陷處。在凹陷處放上**2**、**1**的鴨兒芹，再以另一片吐司夾起來（參照P.116的1～3）。

4 將奶油放入平底鍋中加熱融化，以稍小的中火加熱，放上**3**。蓋上鋁箔紙，再放上重石之後煎烤。煎烤2～3分鐘之後翻面，再度蓋上鋁箔紙，然後放上重石（參照P.116、117的4～7）。

5 煎烤上色之後取出，切成一半。

料理&營養筆記

鱈魚子風味山藥泥的美味，帶給我們幸福的心情。山藥當中含有可望能消除疲勞的精胺酸，這是一款患有夏日倦怠症時，會想積極食用的三明治。

鮪魚茼蒿
芝麻醬三明治

平均1个
265
kcal

材料（2人份）

切邊吐司---4片
鮪魚罐頭（水煮）---1罐（70g）
茼蒿---1/2把（25g）
美乃滋---2大匙
芝麻醬（白）---1大匙
芝麻油---1小匙

作法

1 鮪魚瀝乾水分。
2 茼蒿切成2cm長。
3 將 **1**、**2**、美乃滋、芝麻醬、芝麻油放入缽盆中調拌。
4 將 **3** 放在2片切邊吐司的上面。分別以剩餘的2片吐司夾起來，然後切成一半。

料理&營養筆記

連不喜歡茼蒿微苦味道的人，也會因為加入芝麻油提味、增添了風味，而變得更容易入口，所以請務必一試。美乃滋鮪魚溫潤的味道也很棒。

茗荷秋刀魚
馬芬三明治

材料（2人份）

英式馬芬 - - - 2個

茗荷 - - - 2個

鹽味秋刀魚抹醬

（參照P.067） - - - 4大匙

作法

1 茗荷切成小圓片。

2 2個英式馬芬從側面切成一半，以1000W的小烤箱烘烤2～3分鐘。

3 在**2**的下半部塗上鹽味秋刀魚抹醬。放上**1**之後，以另一半夾起來。

料理&營養筆記

以濃郁的鹽味秋刀魚抹醬搭配味道清爽的茗荷。茗荷的香氣成分稱為α-蒎烯，可望具有舒緩壓力的效果。

鯖魚抹醬
波士頓萵苣三明治

平均1個
180
kcal

材料（2人份）

切邊吐司---4片
波士頓萵苣---4片
味噌鯖魚抹醬
（參照P.067）---4大匙
芥末醬---1小匙

作法

1 波士頓萵苣用手撕成要鋪在切邊吐司上面的大小。
2 在2片切邊吐司的單面塗上芥末醬。
3 在**2**的2片吐司已經塗上芥末醬的那面，塗上味噌鯖魚抹醬，然後放上**1**。分別以剩餘的2片吐司夾起來，切成4等分。

料理&營養筆記

多費點工夫在吐司上面塗抹芥末醬，就能為三明治做出層次分明的滋味。因為味噌鯖魚抹醬的味道很濃郁，所以選用波士頓萵苣等味道清爽的葉菜類蔬菜來做搭配。

香蔥鮪魚野澤菜
燒海苔三明治

材料（2人份）

吐司（6片切）---2片
香蔥鮪魚---80g
醃漬野澤菜（市售品）---40g
燒海苔（1/4片）---1片
Ⓐ 醬油---1/2小匙
Ⓐ 山葵醬---少許
芝麻油---2小匙

作法

1 將香蔥鮪魚、Ⓐ放入缽盆中調拌。

2 醃漬野澤菜切成5mm長。燒海苔用手橫向撕成一半。

3 在2片吐司的單面塗上芝麻油，以1000W的小烤箱烘烤2～3分鐘。

4 在**3**的其中一片吐司已經塗上芝麻油的那面，鋪上**2**的燒海苔。放上**1**、**2**的醃漬野澤菜，將另一片吐司已經塗上芝麻油的那面朝下夾起來，然後切成一半。

料理&營養筆記

麵包塗上芝麻油之後再烘烤，可以增添香氣，與海苔的風味非常契合。香蔥鮪魚和醃漬野澤菜的口感極佳，美味程度是不論多少都能吃光光。

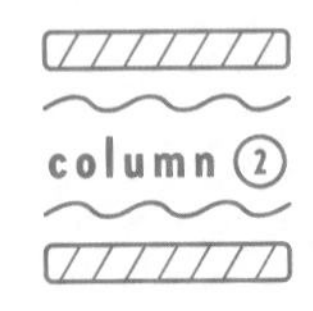

製作出漂亮的三明治

組裝、切法、包法的訣竅

將麵包和配料好好地整合在一起，就算是初步完成美味的三明治了。
讓我們做出既能填飽肚子，又能感到幸福、獲得極大滿足的成品吧！

組裝的訣竅

在擺放配料時稍微費點心思，就能做出更美味的三明治。
以下是依照配料類型做分類的組裝重點，最好先記住喔！

水分多的配料

為了不讓麵包變得濕軟，帶有水分的配料要最後放上去。
※先塗上一層奶油或抹醬，也有防止麵包變軟爛的效果。

先放上水分少的配料，防止麵包的口感變得濕軟

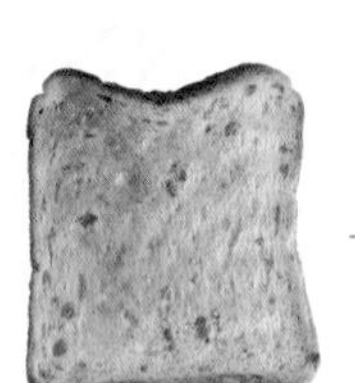
→

→

1cm小丁等細碎配料

容易散落的細碎配料，一開始先鋪上菜葉，擔任托盤的角色吧！

撕碎成符合麵包尺寸的大小

像裝進菜葉裡面一樣放上配料

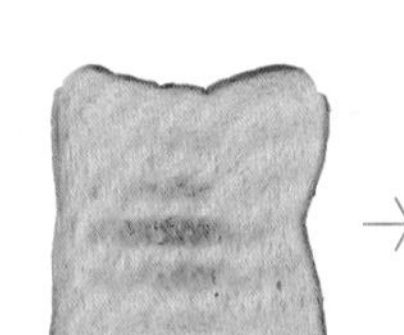
→
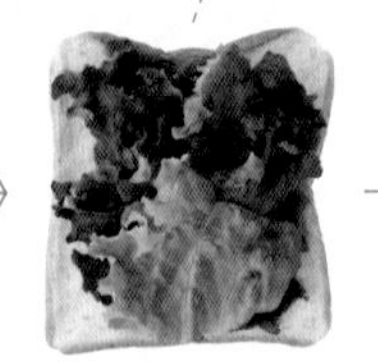
→

分量十足的配料

主要配料很大的時候，以其他配料夾住，味道的一致性會變得更好。

主要配料擺放在中央

→
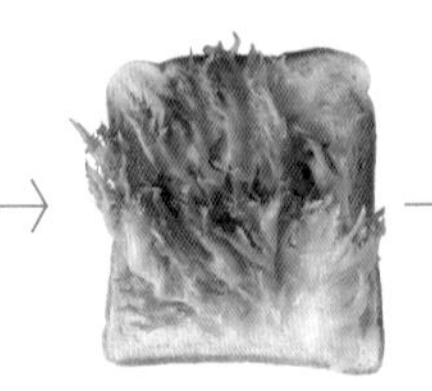
→
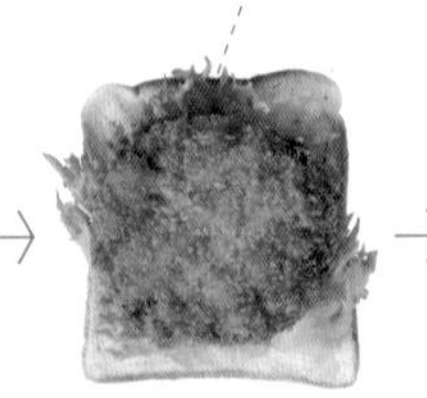
→

切成薄片的配料

切成薄片的配料重疊在一起，就能大量放置在麵包上，產生嚼勁。

每一片稍微錯開位置，重疊排列

→
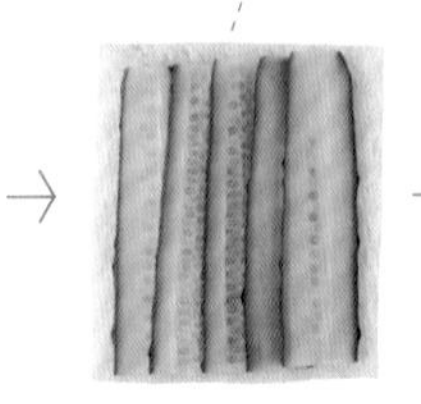
→

切法的訣竅

食材相疊的切面呈現出來的樣貌，也是引起食欲的一個因素。
請想著美觀、容易入口、容易拿取等要素，試著切切看吧！

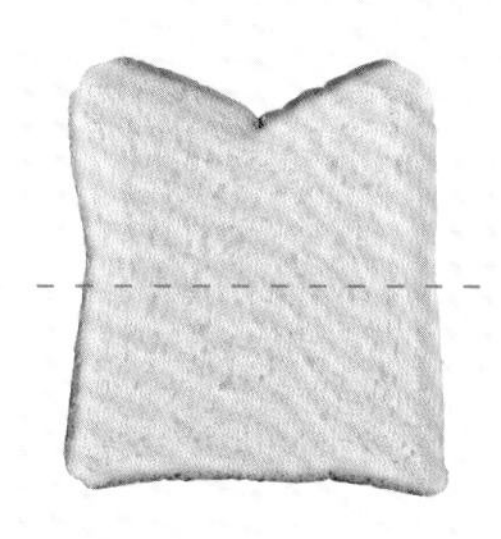

橫切

橫切成一半。攜帶起來很方便的經典切法。

對角斜切

斜切成一半。兩端變成尖角，容易放入口中。

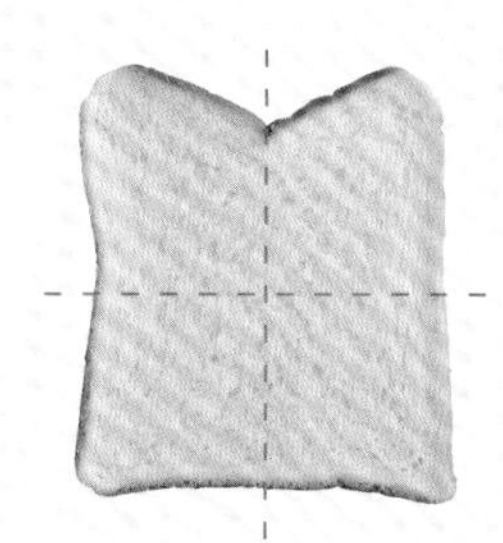

十字切

變成4等分小小四方形的切法。單手取用很方便，大小也剛剛好。

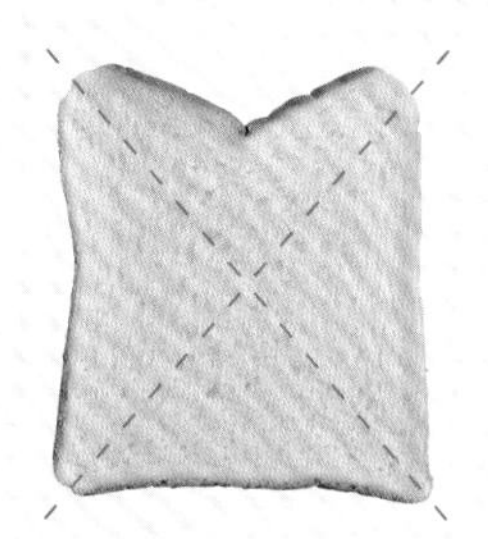

對角十字切

變成4等分小小三角形的切法。成品給人可愛的感覺。

包法的訣竅

配料很多的三明治，可以藉由包裝方式讓配料不易散落，更容易食用。
包法當中也隱藏著可以吃得美味的祕密。

(1)

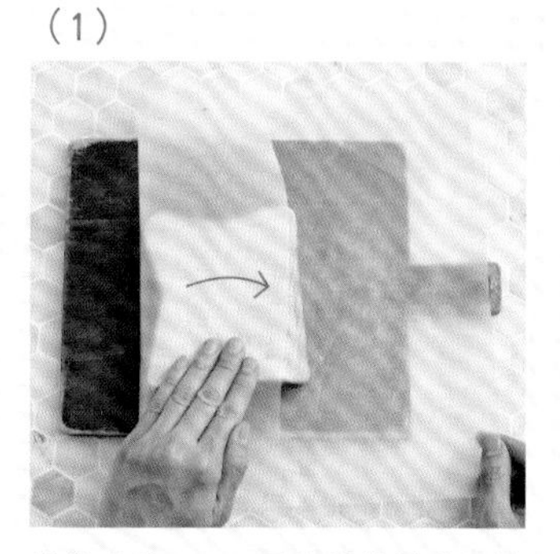

準備大約30cm長的烘焙紙或包裝紙。將三明治放在中間，把左邊的紙摺過來。

(2)

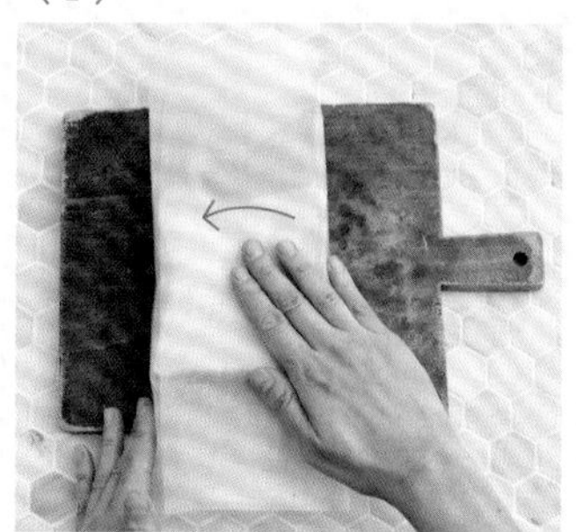

緊密地順著三明治，把右邊的紙疊過來。

(3)

在**2**的紙的邊緣，上下以膠帶固定。

(4)

將下方的紙摺進內側，然後以膠帶固定。

(5)

上下反過來。另一個地方也同樣摺進去，然後以膠帶固定。

(6)

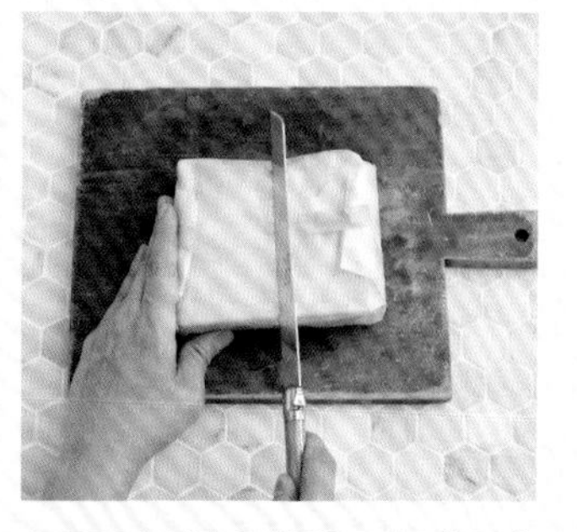

如果要立刻享用的話，以**3**的固定膠帶為基準，切成一半。

熱三明治的組裝訣竅

即使沒有專用的調理器具，也能挑戰製作的熱三明治作法。
想要以山形吐司製作的話，用相同的作法就OK了。

（1）

切入淺淺的切痕

沿著一片吐司的邊緣，以菜刀的刀尖淺淺地切入切痕（請留意不要切到吐司的背面）。

（2）

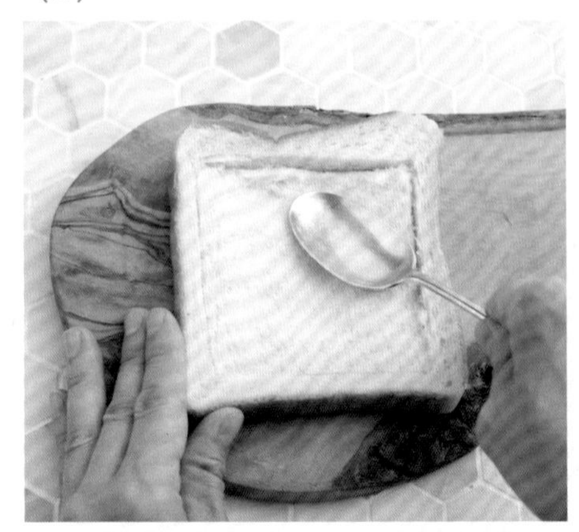

製作凹陷處

沿著1的切痕，以湯匙稍微用力一點按壓吐司的白色部分，製作要放上配料的凹陷處。

（3）

放上配料

放上配料時，不要超出2的凹陷處範圍。以另一片吐司夾起來。

（4）

以平底鍋煎烤

將奶油放入平底鍋中加熱融化，放上3的三明治。火候保持在稍小的中火狀態。

準備的器具

- 菜刀和砧板
- 較大的湯匙
- 大約30cm長的鋁箔紙1張
- 重石（比吐司大上一圈的鍋子）
- 平底鍋
- 煎匙

(5)

放上重石

將鋁箔紙摺疊成比吐司大上一圈的大小，覆蓋在**4**的上面。放上重石（裝入足量水的鍋子）之後煎烤2～3分鐘。

(6)

翻面

煎烤2～3分鐘之後取下鋁箔紙和重石。煎烤到呈現漂亮的烤色時翻面。

(7)

再度放上重石

再度將鋁箔紙覆蓋在**6**的上面，然後放上重石。煎烤2～3分鐘。

(8)

取出

煎烤2～3分鐘之後取下鋁箔紙和重石。煎烤到呈現漂亮的烤色時取出，就完成了。

薄荷汆燙豬肉片檸檬風味越式三明治

平均1人
464
kcal

材料（2人份）

長棍麵包（10cm長）---2個
豬里肌肉（涮涮鍋用）
---120g
西洋芹---1/2根（50g）
綠薄荷（葉）---3g

Ⓐ
蛋黃---1個份
檸檬汁---1大匙
魚露---2小匙
蜂蜜---1小匙
粗磨黑胡椒---1/3小匙

作法

1 豬肉以足量的熱水燙煮之後，放入裝有冰水的缽盆中冷卻，然後以網篩瀝乾水分。

2 西洋芹撕除莖部的老筋之後，斜切成2mm寬。葉子則取想要的分量，切成2cm長，泡在冷水中3分鐘左右，然後瀝乾水分。

3 2個長棍麵包從側面切入切痕，以1000W的小烤箱烘烤2～3分鐘。

4 將**1**、**2**的莖和葉子、Ⓐ放入缽盆中調拌。放在**3**的上面夾起來，然後添加綠薄荷。

料理&營養筆記

「越式三明治（banh mi）」是有著大量配料，分量十足的越南風味三明治。以檸檬汁增添酸味的醬汁和具有清涼感的薄荷，吃起來很清爽。

我把在泰國、越南等地旅行時，感受到的亞洲料理美味做成三明治。

大量採用吃進嘴裡會感到很舒暢的異國食材或調味料，

種類相當豐富，讓身體和心靈都非常滿足！

西洋菜雞胗
越式三明治

平均1人
327
kcal

材料（2人份）

長棍麵包（10cm長）---2個
雞胗---100g
西洋菜---1把（50g）

Ⓐ
- 生薑---1片（6g）
- 番茄醬---2大匙
- 甜辣醬---2小匙
- 醬油---1小匙

沙拉油---2小匙

作法

1. 雞胗切開相連的部分，削下白色薄膜之後，在3個地方縱向切入1cm左右的切痕。西洋菜切成3cm長。Ⓐ的生薑磨成泥。
2. 2個長棍麵包從側面切成一半，以1000W的小烤箱烘烤2～3分鐘。
3. 將沙拉油倒入平底鍋中，以中火煎**1**的雞胗。表面上色之後加入Ⓐ調味。
4. 在**2**的下半部放上**3**、**1**的西洋菜，以另一半夾起來。

 料理&營養筆記

將每次咀嚼時都能感受到鮮味的雞胗，沾裹以番茄醬和甜辣醬製作而成的酸甜醬汁。雖然屬於濃厚型的重口味，加入生薑就會變成熟悉的味道。

胡蘿蔔雞肝越式三明治

材料（2人份）

長棍麵包（10cm長）---2個
雞肝醬油奶油抹醬
（參照P.064）---6大匙
胡蘿蔔---2/3根（100g）
鹽---1/4小匙
米醋---1大匙
砂糖---1小匙
腰果---10顆

作法

1 胡蘿蔔切成2mm寬的細絲，以鹽抓拌。放置10分鐘左右，待釋出水分之後以廚房紙巾擦拭乾淨。

2 將**1**、米醋、砂糖放入缽盆中抓拌，然後放在冷藏室醃漬20分鐘左右。

3 2個長棍麵包以1000W的小烤箱烘烤2～3分鐘，然後從側面切入切痕。

4 在**3**的切痕處塗上雞肝醬油奶油抹醬，把**2**夾起來。將腰果切碎之後撒上去。

 料理&營養筆記

濃郁的雞肝抹醬搭配味道清爽的醋漬胡蘿蔔絲，調和成均衡的味道。在完成時添加腰果，就能享受到不同的口感。

泰式涼拌雞肉冬粉三明治

材料（2人份）

吐司（裸麥、6片切）---2片
雞腿絞肉---50g
紫洋蔥---1/6個（30g）
香菜---1/2把
冬粉（乾燥）---10g
清酒---1小匙
Ⓐ
紅辣椒（圓片）---1/2根份
醋---2小匙
魚露---2小匙
砂糖---1小匙
鹽---少許
粗磨黑胡椒---少許
芝麻油---1小匙

作法

1 紫洋蔥切成2mm厚的薄片，泡在冷水中5分鐘左右，然後瀝乾水分。香菜切成3cm長。

2 冬粉以滾水煮2～3分鐘之後放涼，瀝乾水分，然後切成容易入口的長度。

3 將芝麻油倒入平底鍋中，放入雞肉，開中火用煎匙等工具炒散成肉鬆狀。雞肉炒到大約半熟時，加入清酒，一邊讓水分蒸發一邊翻炒。

4 將**1**、**2**、**3**、Ⓐ放入缽盆中調拌。

5 將**4**放在一片吐司上面，以另一片吐司夾起來，然後切成一半。

POINT

使用有彈性的雞肉
做出帶來滿足感的三明治

泰式涼拌冬粉沙拉（Yum Wun Sen）通常以蝦子等海鮮類製作居多，而這裡改用更有嚼勁、適合麵包的雞絞肉作為主要的配料，做出變化款料理。

料理&營養筆記

採用泰國經典料理「泰式涼拌冬粉沙拉」風味，使用大量的香菜，製作出可以盡情享受異國美味的三明治。紫洋蔥具有增加好膽固醇的作用。

打拋紅椒雞肉
熱三明治

材料（2人份）

吐司（裸麥、6片切）---2片
雞腿絞肉---80g
甜椒（紅）---1/4個
羅勒---葉子8片
高麗菜---菜葉1片
大蒜---1瓣（6g）
紅辣椒（圓片）---1/2根份
Ⓐ 魚露---2小匙
Ⓐ 伍斯特醬---1小匙
Ⓐ 粗磨黑胡椒---少許
披薩用乳酪---30g
沙拉油---2小匙
奶油---5g

作法

1 甜椒切成5mm小丁。羅勒用手撕成容易入口的大小。高麗菜切成2mm寬的細絲，泡在冰水中2分鐘左右，然後瀝乾水分。大蒜切成碎末。

2 將沙拉油倒入平底鍋中，放入**1**的大蒜、紅辣椒，以小火翻炒。大蒜冒出香氣之後，放入雞肉、**1**的甜椒，開中火用煎匙等炒散成肉鬆狀。

3 雞肉炒到大約半熟時，加入Ⓐ一起拌炒。加入**1**的羅勒之後關火。

4 以菜刀的刀尖沿著一片吐司的邊緣淺淺地切入切痕，然後以湯匙按壓，製作出凹陷處。在凹陷處放上**3**、披薩用乳酪、**1**的高麗菜，再以另一片吐司夾起來（參照P.116的1～3）。

5 將奶油放入平底鍋中加熱融化，以稍小的中火加熱，放上**4**。蓋上鋁箔紙，放上重石之後煎烤。煎烤2～3分鐘之後翻面，再度蓋上鋁箔紙，然後放上重石（參照P.116、117的4～7）。

6 煎烤上色之後取出，切成一半。

料理&營養筆記

在雞絞肉多汁的鮮味當中，可以感受到羅勒撲鼻的香氣。放入大量的高麗菜，分量不少於雞肉的程度，也可以充分享受蔬菜的口感。

四季豆肉末乾咖哩三明治

材料（2人份）

吐司（裸麥、6片切）---2片
牛豬綜合絞肉---80g
四季豆---4根
洋蔥---1/6個（30g）
大蒜---1瓣（6g）
孜然---1/2小匙
蠔油---2小匙
咖哩粉---1小匙
披薩用乳酪---30g
沙拉油---2小匙

作法

1 四季豆切成1cm寬的小段。洋蔥、大蒜分別切成碎末。

2 將沙拉油倒入平底鍋中，以小火炒**1**的大蒜、孜然。炒到孜然的周圍咕嚕咕嚕地冒泡、冒出香氣時，放入**1**的洋蔥炒到變軟。

3 放入綜合絞肉、**1**的四季豆，開中火用煎匙等工具炒散成肉鬆狀。絞肉炒到大約半熟時，加入蠔油、咖哩粉調味。

4 將**3**、披薩用乳酪放在一片吐司上面。以1000W的小烤箱烘烤2～3分鐘（另一片吐司也同時烘烤）。烤好之後以另一片吐司夾起來，然後切成一半。

料理&營養筆記

可以充分感受到孜然香氣的肉末乾咖哩，搭配乳酪使味道變得溫和。四季豆清脆的咬勁是賞味的重點。

水菜雞肉
沙嗲風味三明治

平均1个
506 kcal

材料（2人份）

吐司（6片切）---2片
雞腿肉---小的1片（200～250g）
水菜---1/2棵（25g）
大蒜---1瓣（6g）

Ⓐ
- 花生醬---2大匙
- 番茄醬---2大匙
- 魚露---1大匙
- 咖哩粉---1小匙

作法

1 水菜切成3cm長。大蒜磨成泥。

2 雞肉以叉子在整體表面戳洞，然後將**1**的大蒜泥搓揉進雞肉裡。與Ⓐ一起放入缽盆中抓拌，然後覆蓋保鮮膜，放在冷藏室醃漬30分鐘（如果時間充裕的話，醃漬2小時以上會更美味）。

3 將**2**以預熱至200℃的烤箱烘烤20分鐘左右。放涼之後切成1cm厚。

4 2片吐司以1000W的小烤箱烘烤2～3分鐘。將**1**的水菜半量鋪在一片吐司上面，再放上**3**。鋪上剩餘的水菜，以另一片吐司夾起來，然後切成一半。

料理&營養筆記

以印尼的串燒料理「沙嗲」為構想，夾在麵包裡的新吃法。濃郁的花生醬和酸酸甜甜的番茄醬，鮮味合而為一。

蘿蔔嬰泰式烤雞三明治

材料（2人份）

吐司（山形、6片切）---2片
雞腿肉---小的1片（200～250g）
蘿蔔嬰---1/2盒
Ⓐ
- 大蒜---1瓣（6g）
- 蠔油---2小匙
- 魚露---2小匙
- 蜂蜜---2小匙

作法

1 蘿蔔嬰切除根部。Ⓐ的大蒜磨成泥。

2 雞肉以叉子在整體表面戳洞，與Ⓐ一起放入缽盆中抓拌（如果時間充裕的話，放入冷藏室醃漬30分鐘以上會更美味）。

3 將**2**以預熱至200℃的烤箱烘烤20分鐘左右。放涼之後切成1cm厚。

4 2片吐司以1000W的小烤箱烘烤2～3分鐘。將**1**的蘿蔔嬰、**3**放在一片吐司上面，以另一片吐司夾起來，然後切成一半。

POINT

分量十足的
泰式烤雞「Gai Yang」

泰國料理的「烤雞」稱為「Gai Yang」。這裡是將雞肉沾裹添加了大蒜風味的醬汁之後，烤成漂亮的金黃色。請務必好好享用當地的味道。

料理&營養筆記

豪邁地使用一片雞腿肉來製作，非常有嚼勁的絕品三明治！雞肉以烤箱慢慢烘烤，使肉質鮮嫩多汁。也可以搭配冰冰涼涼的啤酒一起享用。

香菜海南雞飯風味三明治

作法　P.132

泰式涼拌四季豆胡蘿蔔開面三明治

作法　P.133

香菜海南雞飯風味三明治

材料（2人份）

吐司（6片切）---2片
雞腿肉---小的1片（200～250g）
香菜---1把

Ⓐ
- 大蒜---1瓣（6g）
- 砂糖---1/2小匙
- 鹽---1/4小匙

Ⓑ
- 生薑---2片（12g）
- 蠔油---1小匙
- 魚露---1小匙
- 芝麻油---1小匙
- 炒芝麻（白）---1小匙

Ⓒ
- 美乃滋---2大匙
- 味噌---1小匙

作法

1 Ⓐ的大蒜、Ⓑ的生薑分別磨成泥。

2 雞肉以叉子在整體表面戳洞，與Ⓐ一起放入缽盆中抓拌。覆蓋保鮮膜，放在冷藏室醃漬30分鐘左右。

3 準備一鍋足以蓋過雞肉的滾水，放入**2**，保持水面咕嚕咕嚕的狀態燉煮10分鐘左右。關火之後蓋上鍋蓋，以餘溫加熱。放涼，以斜刀片成1cm厚的肉片。

4 香菜切成3cm長。與Ⓑ一起放入缽盆中調拌。

5 在2片吐司的單面塗上Ⓒ，以1000W的小烤箱烘烤2～3分鐘。在一片吐司已經塗上Ⓒ的那面，放上**3**、**4**。將另一片吐司已經塗上Ⓒ的那面朝下夾起來，然後切成一半。

將泰國料理的「海南雞飯（Khao Man Gai）」，也就是「水煮雞肉的雞肉飯」，設計成搭配麵包的食譜。雞腿肉經過水煮也不易變得乾柴，所以嘴裡會充滿肉汁。

泰式涼拌四季豆
胡蘿蔔開面三明治

平均1人
196
kcal

材料（2人份）

長棍麵包（1cm厚）---8片
胡蘿蔔---1/2根（75g）
四季豆---4根
櫻花蝦---1大匙
花生---5顆

Ⓐ
- 生薑---1/2片（3g）
- 魚露---1大匙
- 砂糖---2小匙
- 醋---2小匙

Ⓑ
- 大蒜---1片（6g）
- 橄欖油---1大匙

作法

1. 胡蘿蔔切成3mm寬的細絲，以少許鹽（分量外）抓拌，使胡蘿蔔變軟。四季豆以足量的滾水燙煮1分鐘左右，然後斜切成2cm長的小段。
2. 櫻花蝦、花生分別切成粗末。
3. Ⓐ的生薑切成極小的碎末。Ⓑ的大蒜磨成泥。
4. 將**1**、**2**、Ⓐ放入缽盆中調拌。
5. 在8片長棍麵包的單面塗上Ⓑ，以1000W的小烤箱烘烤3～4分鐘。在8片長棍麵包上面分別放上**4**。

料理&營養筆記

以胡蘿蔔和四季豆製作出味道清爽的開面三明治。構想來自「泰式涼拌青木瓜（Som Tam）」，原本是非常辛辣的料理，但是不加辣吃起來也很順口。

小番茄小黃瓜萊塔三明治

平均1人 198 kcal

材料（2人份）

英式馬芬 --- 2個
小黃瓜 --- 1根
小番茄 --- 6顆
奶油 --- 5g

Ⓐ
- 大蒜 --- 1/4瓣（約1.5g）
- 優格（無糖） --- 4大匙
- 孜然粉 --- 1/2小匙
- 鹽 --- 少許
- 粗磨黑胡椒 --- 少許

作法

1. 奶油恢復至常溫。2個英式馬芬從側面切成一半，在下半部塗上奶油。以1000W的小烤箱烘烤2～3分鐘。
2. 小黃瓜縱切成4等分，再切成1cm寬。小番茄去除蒂頭，縱切成4等分。Ⓐ的大蒜磨成泥。
3. 將**2**、Ⓐ放入缽盆中調拌。
4. 在**1**已經塗上奶油的下半部放上**3**，然後以另一半夾起來。

料理&營養筆記

「萊塔（Raita）」是以印度為首的，將蔬菜或水果以優格調拌而成的料理。為了搭配麵包，添加了孜然和大蒜。最好以包裝紙包起來享用。

卡門貝爾咖哩馬鈴薯美乃滋玉米三明治

材料（2人份）

吐司（6片切）---2片
卡門貝爾咖哩馬鈴薯抹醬
（參照P.060）---6大匙
芝麻菜---1/2棵（30g）
玉米罐頭---50g
美乃滋---1又1/2大匙

作法

1. 芝麻菜切成3cm長。玉米瀝乾水分之後，與美乃滋一起調拌。
2. 在2片吐司的單面塗上卡門貝爾咖哩馬鈴薯抹醬，以1000W的小烤箱烘烤2～3分鐘。
3. 在**2**的其中一片吐司已經塗上抹醬的那面，放上**1**的美乃滋玉米、芝麻菜。將另一片吐司已經塗上抹醬的那面朝下夾起來，然後切成一半。

料理&營養筆記

以卡門貝爾乳酪和馬鈴薯組合而成的、風味豐富的抹醬，與麵包的清新感非常契合。玉米粒粒分明的口感、芝麻菜的咬勁令人一吃就上癮。

醃茗荷山苦瓜三明治

平均1人
199
kcal

材料（2人份）

英式馬芬---2個
山苦瓜---1/4根（50g）
茗荷---1根
花生---10顆
鹽---少許
Ⓐ
紅辣椒（圓片）---1/2根份
魚露---2小匙
砂糖---1小匙
檸檬汁---1小匙
粗磨黑胡椒---少許
奶油---5g

作法

1 山苦瓜清除籽囊，切成2mm厚的薄片。以鹽抓拌，清洗乾淨之後擦乾水分。茗荷切成2mm寬的小段。花生細細切碎。

2 將**1**、Ⓐ放入缽盆中調拌，然後放在冷藏室冷卻20分鐘以上。

3 奶油恢復至常溫。2個英式馬芬從側面切成一半，在下半部塗上奶油。以1000W的小烤箱烘烤2～3分鐘。

4 在**3**已經塗上奶油的下半部放上**2**，然後以另一半夾起來。

料理&營養筆記

山苦瓜的苦味成分「苦瓜素（momordicine）」有助於胃酸分泌，具有增進食欲的效果。醃漬物是冷的，馬芬烤過之後是熱的，可以享受到冷熱分明的口感。

甜辣醬美乃滋拌
鴻喜菇薩摩炸魚餅三明治

材料（2人份）

吐司（裸麥、6片切）---2片
薩摩炸魚餅---1片
鴻喜菇---1/2盒（50g）
Ⓐ 美乃滋---2大匙
　 甜辣醬---1大匙
炒芝麻（白）---1/2小匙

作法

1 薩摩炸魚餅以1000W的小烤箱兩面各烘烤3分鐘。鴻喜菇切除堅硬的根部，以足量的滾水燙煮1分鐘左右。以網篩徹底瀝乾水分。

2 2片吐司以1000W的小烤箱烘烤2～3分鐘。

3 將**1**的薩摩炸魚餅、鴻喜菇、Ⓐ的半量放入缽盆中調拌。

4 在**2**的其中一片吐司的單面塗上剩餘的Ⓐ，再放上**3**，撒上炒芝麻。以另一片吐司夾起來，然後切成一半。

料理&營養筆記

薩摩炸魚餅（甜不辣）烘烤過後，會變成表面酥脆、裡面鬆軟的口感，與飽滿有彈性的鴻喜菇搭配非常適合。Ⓐ的醬汁也是絕品，可能會成為您家裡新的基本醬汁之一！

泰式咖哩炒蟹肉棒三明治

材料（2人份）

吐司（山形、6片切）---2片
蟹肉棒---20g
洋蔥---1/6個（30g）
西洋芹（菜葉，萵苣亦可）---10g

Ⓐ
- 蛋---1個
- 牛奶---1又1/2大匙
- 砂糖---1小匙
- 蠔油---1小匙
- 咖哩粉---1/2小匙
- 日式太白粉（片栗粉）---1/2小匙
- 豆瓣醬---1/4小匙

乳酪片---1片
沙拉油---2小匙

作法

1. 蟹肉棒大略剝散。洋蔥切成2mm厚的薄片。西洋芹的葉子切成大段（如果是使用萵苣，則用手撕碎成容易入口的大小）。
2. 將Ⓐ混合備用。
3. 將沙拉油倒入平底鍋中，放入**1**的洋蔥、西洋芹的葉子（或是萵苣），以中火翻炒。蔬菜炒軟之後加入**1**的蟹肉棒、Ⓐ，一邊以煎匙等工具大幅度地混拌，一邊炒成炒蛋狀。
4. 將乳酪片放在一片吐司上面，以1000W的小烤箱烘烤2～3分鐘（另一片吐司也同時烘烤）。
5. 在**4**已經放上乳酪片的那片吐司上面放上**3**，以另一片吐司夾起來，然後切成一半。

料理&營養筆記

「咖哩炒螃蟹」（Poo Pad Pong）是一道泰國料理。我在曼谷吃過加了西洋芹葉子的咖哩炒螃蟹，清爽的味道真的非常美味！使用萵苣製作也OK。

櫻花蝦高麗菜
魚露美乃滋三明治

平均1人 258 kcal

材料（2人份）

吐司（6片切）---2片
櫻花蝦---2大匙
高麗菜---菜葉2片
大蒜---1瓣（6g）
魚露---2小匙
美乃滋---2小匙
芝麻油---2小匙

作法

1. 2片吐司以1000W的小烤箱烘烤2～3分鐘。
2. 高麗菜切成5mm寬較粗的細絲。大蒜切成碎末。
3. 將芝麻油倒入平底鍋中，放入櫻花蝦、**2**的大蒜，以小火翻炒。大蒜冒出香氣後放入**2**的高麗菜，以中火拌炒，變軟之後加入魚露調味。關火，然後加入美乃滋調拌。
4. 將**3**放在**1**的其中一片吐司上面，以另一片吐司夾起來，然後切成一半。

料理&營養筆記

以芳香的櫻花蝦和高麗菜做出溫馨的味道。在炒高麗菜的時候，釋出許多水分時，請先用廚房紙巾擦乾，然後再加入調味料。

泰式香菜蝦仁開面三明治

平均1人 337 kcal

材料（2人份）

切邊吐司---4片
蝦仁---80g
香菜---1/2把
花生---10顆
Ⓐ 披薩用乳酪---30g
Ⓐ 美乃滋---3大匙
Ⓐ 甜辣醬---1大匙
Ⓐ 粗磨黑胡椒---1/4小匙

作法

1. 蝦仁以竹籤挑除腸泥，用菜刀大略剁碎。香菜切成碎末。花生大略切碎。
2. 將**1**、Ⓐ放入缽盆中調拌。
3. 將4片切邊吐司塗上**2**，以1000W的小烤箱烘烤4～5分鐘。對角斜切成一半。

料理&營養筆記

以泰式蝦仁麵包為構想的開面三明治。將蝦仁和花生等口感迥異的食材組合在一起，做成美味的三明治。改用帶邊的吐司製作，也可以做得很美味。

炸牛蒡鮪魚
甜辣酸奶油三明治

平均1人 254 kcal

材料（2人份）

切邊吐司---4片
牛蒡---1/3根（50g）
鮪魚（水煮）---1罐（70g）
日式太白粉（片栗粉）---2小匙
Ⓐ 酸奶油---2大匙
Ⓐ 甜辣醬---1大匙
Ⓐ 蜂蜜---1小匙
沙拉油---適量

作法

1. 牛蒡削皮之後斜切成2mm厚。表面沾裹日式太白粉（片栗粉）。
2. 鮪魚瀝乾水分。
3. 在平底鍋中倒入大約1cm深的沙拉油，再加熱至170℃。將**1**油炸3～4分鐘。
4. 將**2**、**3**、Ⓐ放入缽盆中調拌。
5. 將**4**放在2片切邊吐司上面，以其餘2片吐司分別夾起來，然後切成4等分。

料理&營養筆記

牛蒡經過油炸增添香氣之後，再沾裹甜辣醬汁，兩者的鮮味都會突顯出來。搭配酸奶油恰到好處的酸味，清爽的口感可以盡情享用。

蒔蘿蛤蜊歐姆蛋三明治

材料（2人份）

鄉村麵包---2片
蛤蜊（去殼、水煮）---50g
蒔蘿（菜葉）---1g
打散的蛋液---2個份
砂糖---2小匙
魚露---2小匙
Ⓐ 番茄醬---1大匙
Ⓐ 豆瓣醬---1/4小匙
沙拉油---2小匙

作法

1. 2片鄉村麵包以1000W的小烤箱烘烤2～3分鐘。
2. 將蛤蜊、用手撕碎的蒔蘿、打散的蛋液、砂糖、魚露放入缽盆中，混合攪拌。
3. 將沙拉油倒入平底鍋中，然後倒入**2**，以中火煎烤。待蛋液的邊緣已煎熟，而其他部分呈半熟狀態時，摺成一半，煎烤兩面。
4. 將**3**放在**1**的其中一片麵包上面，淋上Ⓐ。以另一片麵包夾起來，然後切成一半。

料理&營養筆記

以切得較薄的鄉村麵包，將越南河內的經典料理蒔蘿蛤蜊歐姆蛋夾起來。加入蒔蘿之後，變成帶有爽快感的清爽味道。

可夾食、可附加，也可外帶

只用1種蔬菜就能迅速完成的熟食風味沙拉

配合和風、西式、異國風味、中式、韓式等三明治，沙拉的種類也十分多樣。
以下要介紹不論附加在旁或拼湊成內餡都很推薦、點綴三明治的熟食風味沙拉。

Salad Recipe 1.

柴魚芥末籽
拌胡蘿蔔絲

材 料（1～2人份）

胡蘿蔔 - - - - - 1根(150g)
鹽 - - - - - 1/4小匙
芥末籽醬 - - - - - 2小匙
醬油 - - - - - 1小匙
柴魚片 - - - - - 3g

作法

1 胡蘿蔔切成2mm寬的細絲，撒上鹽之後抓拌。待胡蘿蔔絲變軟、釋出水分之後，擠乾水分。

2 將**1**、芥末籽醬、醬油放入缽盆中調拌。加入柴魚片，繼續調拌。

Salad Recipe 2.

檸檬美乃滋
拌高麗菜絲

材 料（1～2人份）

高麗菜 - - - - - 菜葉2片
鹽 - - - - - 1/4小匙
砂糖 - - - - - 1/4小匙
美乃滋 - - - - - 2大匙
檸檬汁 - - - - - 1小匙

作法

1 高麗菜切成極細的細絲，撒上鹽、砂糖之後抓拌。待高麗菜絲變軟、釋出水分之後，充分擠乾水分。

2 將**1**、美乃滋、檸檬汁一起放入缽盆中調拌。

Salad Recipe 3.

辣椒醬油炒馬鈴薯

材料（2～3人份）

馬鈴薯 - - - - - - - - - - - - - - - 大的1個（150g）
大蒜 - 2瓣（12g）
紅辣椒（圓片） - - - - - - - - - - - - - - - - - 1根份
醬油 - 1小匙
橄欖油 - 2大匙

作法

1 馬鈴薯去皮，切成5mm寬的細絲。大蒜切成薄片。

2 將橄欖油倒入平底鍋中，以小火炒**1**的大蒜、紅辣椒。待大蒜冒出香氣，放入**1**的馬鈴薯，以中火拌炒。

3 將馬鈴薯的表面炒上色之後，加入醬油調味。

Salad Recipe 4.

羅勒醋漬番茄

材料（1～2人份）

番茄 - 1個（100g）
橄欖油 - 1大匙
米醋 - 1小匙
蜂蜜 - 1小匙
羅勒（粉末） - - - - - - - - - - - - - - - - - 1/2小匙

作法

1 番茄縱切成6等分的瓣形。

2 將全部的材料放入缽盆中調拌，然後放入冷藏室醃漬20分鐘以上。

Salad Recipe 5.

咖哩奶油蒸青花菜

材料（1～2人份）

青花菜 ------------------ 1棵（150g）
奶油 ------------------------- 10g
魚露 ------------------------ 1小匙
咖哩粉 -------------------- 1/2小匙

作法

1 青花菜分成小朵，用水浸濕整體。

2 將1放入耐熱容器中，鬆鬆地包覆保鮮膜，以600W的微波爐加熱3～4分鐘。瀝乾水分之後，趁熱加入奶油調拌。加入魚露、咖哩粉之後繼續調拌。

Salad Recipe 6.

甜辣醬優格拌洋蔥

材料（1～2人份）

洋蔥 ------------------ 1/2個（100g）
優格（無糖）------------------ 2大匙
甜辣醬 --------------------- 1/2大匙
粗磨黑胡椒 ------------------- 少許

作法

1 洋蔥切成2mm厚的薄片。浸泡在冷水中5分鐘左右，然後充分瀝乾水分。

2 將全部的材料放入缽盆中調拌均勻。

Salad Recipe 7.

韓式藥念醬醃茄子

材料（1～2人份）

茄子 ---- 1根
Ⓐ 大蒜 ---- 1/2瓣（3g）
Ⓐ 番茄醬 ---- 2大匙
Ⓐ 韓式辣椒醬 ---- 1小匙
Ⓐ 蜂蜜 ---- 1小匙
炒芝麻（黑） ---- 1小匙
芝麻油 ---- 1大匙

作法

1 茄子以削皮刀縱向削除4處的皮，然後切成1.5cm厚的圓片。

2 將Ⓐ的大蒜磨成泥。

3 將芝麻油倒入平底鍋中，把**1**的兩面煎至上色。茄子變軟之後，加入Ⓐ拌炒。撒上炒芝麻後繼續炒。

Salad Recipe 8.

豆瓣醬酸橘醋拌小黃瓜

材料（1～2人份）

小黃瓜 ---- 1根
酸橘醋 ---- 2大匙
芝麻油 ---- 1小匙
豆瓣醬 ---- 1/4小匙
炒芝麻（白） ---- 1小匙

作法

1 將小黃瓜橫切成4等分，再縱切成4等分。

2 將全部的材料放入缽盆中調拌，然後放進冷藏室醃漬20分鐘以上。

Salad Recipe 9.

柚子胡椒金平牛蒡

材料（1～2人份）

牛蒡 ---------- 2/3根（100g）
Ⓐ
- 清酒 ---------- 2大匙
- 醬油 ---------- 1大匙
- 味醂 ---------- 1大匙
- 柚子胡椒 ---------- 1/2小匙

芝麻油 ---------- 2小匙

作法

1. 牛蒡削皮，切成極細的細絲。
2. 將芝麻油倒入平底鍋中，以中火炒**1**。牛蒡變軟之後加入Ⓐ，再炒2～3分鐘。

Salad Recipe 10.

蠔油生薑拌甜椒

材料（1～2人份）

甜椒（紅）---------- 1個
生薑 ---------- 1片（6g）
蠔油 ---------- 2小匙
米醋 ---------- 1小匙
芝麻油 ---------- 1小匙

作法

1. 甜椒橫切成一半，再切成5cm長的小段，然後用水浸濕。生薑磨成泥。
2. 將**1**的甜椒放入耐熱容器中，鬆鬆地包覆保鮮膜，以600W的微波爐加熱4分鐘左右。
3. 將**1**的生薑、蠔油、米醋、芝麻油放入**2**之中調拌。放涼以後，放進冷藏室醃漬30分鐘以上。

吐司（6片切）---2片

豬絞肉---80g

番茄（1cm厚的圓片）---1片

莫扎瑞拉乳酪（1cm厚的圓片）---1片

大蒜---1瓣（6g）

味噌---1小匙

豆瓣醬---1/2小匙

Ⓐ
- 生薑---1片（6g）
- 醬油---2小匙
- 清酒---2小匙
- 花椒---1/2小匙

芝麻油---2小匙

作法

1. 大蒜切成碎末。Ⓐ的生薑磨成泥，花椒以研磨器等磨碎。
2. 將芝麻油倒入平底鍋中，以小火炒**1**的大蒜。大蒜冒出香氣之後，加入味噌、豆瓣醬炒20秒左右。
3. 放入豬肉，開中火用煎匙等工具炒散成肉鬆狀。豬肉炒到大約半熟時，加入Ⓐ一起拌炒。
4. 將**3**放在一片吐司的上面，再依照順序疊上切成圓片的番茄→莫扎瑞拉乳酪。以1000W的小烤箱烘烤2～3分鐘（另一片吐司也同時烘烤）。
5. 將**4**已經放上配料的吐司，以另一片吐司夾起來，然後切成一半。

料理&營養筆記

麻婆肉末的麻辣度、番茄厚片的清爽感，以及莫扎瑞拉乳酪的濃郁度絕對會令人著迷！番茄切成厚片可以增加存在感。

花椒、豆瓣醬和辣椒等刺激的辣味，與麵包調和之後，

就能夠一直吃到最後都很美味。

請享用將熟悉的中式、韓式料理稍加變化，帶來全新感受的三明治。

金針菇牛肉
韓式炒冬粉三明治

材料（2人份）

熱狗麵包---2個
牛邊角肉---80g
金針菇---1/2盒（50g）
韓國生菜---菜葉1片
冬粉（乾燥）---10g
大蒜---1瓣（6g）

Ⓐ
醬油---1又1/2大匙
清酒---1大匙
味醂---1大匙
豆瓣醬---1/2小匙

Ⓑ
美乃滋---2大匙
芥末醬---1/2小匙

芝麻油---1大匙

作法

1. 金針菇切除根部，用手剝散。韓國生菜用手縱向撕成一半。大蒜切成碎末。
2. 冬粉浸泡在溫水中15分鐘左右，把它泡軟，瀝乾水分之後切成容易入口的長度。
3. 將芝麻油倒入平底鍋中，以小火炒**1**的大蒜。大蒜冒出香氣之後，放入牛肉、**1**的金針菇，以中火翻炒。
4. 牛肉炒到大約半熟時，加入**2**、Ⓐ一起炒。
5. 2個熱狗麵包縱向切入切痕。在切痕中塗上Ⓑ，以1000W的小烤箱烘烤2～3分鐘。
6. 在**5**的裡面鋪上**1**的韓國生菜，把**4**夾起來。

料理&營養筆記

活用熱狗麵包的優點，讓成品像炒麵麵包一樣容易入口。使用冬粉和金針菇，製作成口感很棒、富有嚼勁的三明治。

胡椒蠔油
韭菜豬肉三明治

平均1人
421
kcal

材料（2人份）

吐司（6片切）---2片
豬五花肉（薄片）---100g
韭菜---1/2把（50g）
萵苣---菜葉1片
大蒜---1瓣（6g）
Ⓐ
- 清酒---2小匙
- 蠔油---2小匙
- 砂糖---1小匙
- 粗磨黑胡椒---1小匙

芝麻油---2小匙

作法

1. 豬肉切成3cm寬。韭菜切成5mm寬的小段。萵苣用手撕成要鋪在吐司上面的大小。大蒜切成碎末。
2. 將芝麻油倒入平底鍋中，以小火炒**1**的大蒜。大蒜冒出香氣之後，放入豬肉、韭菜，以中火翻炒。
3. 豬肉炒到大約半熟時，加入Ⓐ拌炒。
4. 將**1**的萵苣鋪在一片吐司上面，再放上**3**。以另一片吐司夾起來，然後切成一半。依個人喜好撒上少許粗磨黑胡椒（分量外）。

料理&營養筆記

把台灣名產「胡椒餅」構想成吐司版。使用足量的粗磨黑胡椒、韭菜和大蒜等食材，加入刺激性的調味。

培根水菜
腰果醬三明治

平均1人 374 kcal

材料（2人份）

吐司（6片切）---2片
培根（塊）---50g
水菜---20g

Ⓐ
腰果---10顆
長蔥---1/4根
生薑---1/2片（3g）
醬油---1小匙
米醋---1小匙
芝麻油---1小匙

Ⓑ
美乃滋---1大匙
醬油---1/4小匙

作法

1. 培根切成1cm小丁。水菜切成3cm長。
2. Ⓐ的腰果切成粗末，長蔥、生薑分別切成碎末。將Ⓐ的材料放入缽盆中混合備用。
3. 平底鍋以中火燒熱，不倒入油，將**1**的培根煎到上色。
4. 將**1**的水菜、**3**放入**2**的缽盆中調拌。
5. 在2片吐司的單面塗上Ⓑ，以1000W的小烤箱烘烤2～3分鐘。將**4**放在其中一片吐司已經塗上Ⓑ的那面。將另一片吐司已經塗上Ⓑ的那面朝下夾起來，然後切成一半。

料理&營養筆記

將中式料理當中必備的調味料「醬」，以腰果從頭開始自己製作。建議最好把它當成「可以用來吃的醬汁」，與配料充分混合之後享用。

竹筍青椒炒肉絲三明治

材料（2人份）

吐司（山形、6片切）---2片
豬邊角肉---80g
竹筍（水煮）---40g
青椒---1個
萵苣---菜葉1片
生薑---1片（6g）
Ⓐ 鹽---少許
Ⓐ 粗磨黑胡椒---少許
日式太白粉（片栗粉）---1小匙
Ⓑ 醬油---2小匙
Ⓑ 砂糖---2小匙
Ⓑ 清酒---2小匙
Ⓑ 蠔油---1小匙
沙拉油---2小匙

作法

1. 豬肉以Ⓐ抓拌，預先調味，整體撒滿日式太白粉（片栗粉）之後繼續抓拌。
2. 竹筍、青椒分別切成3mm寬的細絲。萵苣用手撕成要鋪在吐司上面的大小。生薑切成碎末。
3. 將沙拉油倒入平底鍋中，以中火炒**2**的生薑。待生薑冒出香氣，放入竹筍、青椒一起翻炒。
4. 竹筍和青椒炒到變軟之後，放入**1**一起炒。豬肉炒到大約半熟時，加入Ⓑ調味。
5. 將**2**的萵苣鋪在一片吐司上面，放上**4**。以另一片吐司夾起來，然後切成一半。

料理&營養筆記

竹筍和青椒清脆的口感很適合搭配鬆軟的吐司，令人著迷！竹筍含有豐富的鉀，可望帶來防止浮腫等效果。

魯肉飯風味熱三明治

平均1人
383
kcal

材料（2人份）

吐司（裸麥、6片切）---2片
豬絞肉---80g
香菇---1個
大蒜---1瓣（6g）
Ⓐ
清酒---2小匙
醬油---1小匙
蠔油---1小匙
砂糖---1/2小匙
五香粉---1/2小匙
披薩用乳酪---20g
芝麻油---2小匙
奶油---5g

作法

1 香菇切除根部，然後切成5mm小丁。大蒜切成碎末。

2 將芝麻油倒入平底鍋中，以小火炒**1**的大蒜。大蒜冒出香氣之後，放入豬肉、**1**的香菇，開中火用煎匙等工具炒散成肉鬆狀。

3 豬肉炒到大約半熟時，加入Ⓐ調味。

4 以菜刀的刀尖沿著一片吐司的邊緣淺淺地切入切痕，然後以湯匙按壓，製作出凹陷處。將**3**、披薩用乳酪放在凹陷處，再以另一片吐司夾起來（參照P.116的1～3）。

5 將奶油放入平底鍋中加熱融化，以稍小的中火加熱，放上**4**。蓋上鋁箔紙，再放上重石之後煎烤。煎烤2～3分鐘之後翻面，再度蓋上鋁箔紙，然後放上重石（參照P.116、117的4～7）。

6 煎烤上色之後取出，切成一半。

料理&營養筆記

將台灣的代表性料理「魯肉飯」以豬絞肉稍做變化，製作成熱三明治。使用八角、肉桂、花椒等香料做成較濃一點的味道，與乳酪非常契合。

台式炸豬排
高麗菜三明治

平均1人 **402** kcal

材料（2人份）

吐司（6片切）---2片

豬里肌肉（炸豬排用）---100g

高麗菜---菜葉1片

日式太白粉（片栗粉）---1大匙

Ⓐ
- 清酒---1大匙
- 蠔油---1大匙
- 砂糖---2小匙
- 五香粉---1/2小匙
- 粗磨黑胡椒---少許

芝麻油---1大匙

作法

1. 豬肉用叉子在整體表面戳洞。覆蓋上保鮮膜之後，以擀麵棍等敲打，將豬肉打薄。兩面沾裹日式太白粉（片栗粉）。
2. 高麗菜切成2mm寬的細絲，浸泡在冰水中2分鐘左右，然後瀝乾水分。
3. 將芝麻油倒入平底鍋中，以中火煎**1**的兩面。以廚房紙巾擦掉多餘的油，把豬肉煎上色之後加入Ⓐ，一邊將醬汁沾裹在豬肉上一邊拌炒。
4. 2片吐司以1000W的小烤箱烘烤2～3分鐘。將**2**、**3**放在一片吐司上面，淋上殘留在平底鍋中的醬汁。以另一片吐司夾起來，然後切成一半。

料理＆營養筆記

五香粉和蠔油的鮮味滿滿地在口中擴散開來。豬肉不經油炸，吃起來很健康。雖然是濃厚的重口味，但因為搭配高麗菜而不會感到有負擔。

棒棒雞柳
小黃瓜三明治

平均1人
299
kcal

材料（2人份）

吐司（裸麥、6片切）---2片
雞里肌肉---1條
小黃瓜---1/2根

Ⓐ
醬油---2小匙
砂糖---1小匙
芝麻油---1小匙
豆瓣醬---1/4小匙
炒芝麻（白）---2小匙

Ⓑ
美乃滋---1大匙
芝麻粉（白）---1小匙

作法

1 雞里肌肉以叉子在整體表面戳幾個洞，排列在耐熱容器中。淋上清酒1大匙（分量外）之後，鬆鬆地包覆保鮮膜，以600W的微波爐加熱2分鐘～2分半鐘。放涼之後，用手撕碎。

2 小黃瓜縱切成一半，再斜切成2mm厚的薄片。

3 將**1**、**2**、Ⓐ放入缽盆中調拌。

4 在2片吐司的單面塗上Ⓑ，以1000W的小烤箱烘烤2～3分鐘。在其中一片吐司已經塗上Ⓑ的那面放上**3**，將另一片吐司已經塗上Ⓑ的那面朝下夾起來，然後切成一半。

料理&營養筆記

棒棒雞的調味和塗抹在麵包上的醬汁，兩者當中都加入了芝麻粉，對於熱愛芝麻的人來說，是無法抗拒的一款三明治。這是雞里肌肉＋小黃瓜的健康組合。

黑醋芥菜美乃滋拌蘿蔔絲乾三明治

平均1人 329 kcal

材料（2人份）

吐司（6片切）---2片

蘿蔔絲乾（乾燥）---20g

Ⓐ
- 醃芥菜（市售品）---20g
- 美乃滋---3大匙
- 黑醋---1小匙
- 粗磨黑胡椒---少許
- 炒芝麻（黑）---1小匙

作法

1. 蘿蔔絲乾泡水還原，徹底瀝乾水分之後切成2cm長。
2. 將**1**、Ⓐ放入缽盆中調拌。
3. 2片吐司以1000W的小烤箱烘烤2～3分鐘。將**2**放在一片吐司上面，再以另一片吐司夾起來，然後切成一半。

 料理&營養筆記

爽脆美味的蘿蔔絲乾、很有咬勁的醃芥菜，兩者的口感相當一致。因為富有嚼勁，所以飽足感也很持久。以黑醋的酸味來提味。

花椒塔塔醬 萵苣三明治

平均1人 303 kcal

材料（2人份）

切邊吐司---4片
紅葉萵苣---菜葉1片
蛋---2個
Ⓐ 美乃滋---3大匙
Ⓐ 牛奶---1/2大匙
Ⓐ 蠔油---1小匙
Ⓐ 花椒---1/2小匙

作法

1 製作硬的水煮蛋。蛋恢復至常溫。將能蓋過蛋的水、蛋、少許鹽（分量外）放入鍋中，開火加熱。以沸騰的狀態煮13分鐘左右，然後剝除蛋殼。

2 將**1**的蛋黃和蛋白分開。蛋黃以湯匙背面壓碎，蛋白以菜刀切成碎末。

3 紅葉萵苣用手撕成要鋪在切邊吐司上面的大小。Ⓐ的花椒以研磨器磨碎。

4 將**2**、Ⓐ放入缽盆中調拌。

5 將**3**的紅葉萵苣鋪在2片切邊吐司上面，然後放上**4**。分別以其餘2片吐司夾起來，然後切成一半。

在蛋和美乃滋柔和的味道當中可感受到微微的花椒香氣、很適合成人享用的塔塔醬，與紅葉萵苣等口感清脆的食材搭配度極佳。

乾燒蝦仁炒蛋三明治

平均1人
325
kcal

材料（2人份）

吐司（山形、6片切）---2片
蝦仁---50g
萵苣---菜葉1片
大蒜---1瓣（6g）
日式太白粉（片栗粉）---1小匙
打散的蛋液---1個份
Ⓐ
- 水---3大匙
- 番茄醬---2大匙
- 甜辣醬---1大匙
- 醬油---1小匙

芝麻油---3小匙

作法

1 蝦仁以竹籤挑除腸泥，然後沾裹日式太白粉（片栗粉）。萵苣切成5mm寬的細絲。大蒜切成碎末。

2 製作半熟的炒蛋。將芝麻油1小匙倒入平底鍋中，以大火燒熱。將1滴蛋液滴入鍋中，如果滋滋作響，就可以把全部的蛋液倒入鍋中。靜待5秒左右即可關火，以煎匙等工具大動作地攪拌。

3 將2小匙芝麻油倒入平底鍋中，以小火炒**1**的大蒜。大蒜冒出香氣之後，放入蝦仁，以中火翻炒。

4 蝦仁的表面炒上色之後加入Ⓐ，一邊沾裹醬汁一邊熬煮。

5 2片吐司以1000W的小烤箱烘烤2～3分鐘。依照**1**的萵苣→**2**→**4**的順序放在一片吐司的上面，以另一片吐司夾起來，然後切成一半。

料理&營養筆記

使用甜辣醬製作、兼具辣味和甜味的乾燒蝦仁，以及甘甜又鬆軟的炒蛋，兩者組合成絕妙的滋味。是害怕吃辣的人也會想吃的、甜中帶點辣的溫和調味。

鮪魚山芋
四川風味開面三明治

平均1人 237 kcal

材料（2人份）

長棍麵包（1cm厚）---8片
鮪魚（長方形切塊）---60g
山芋（山藥亦可）---50g
Ⓐ
芝麻油---1大匙
醬油---1/2小匙
豆瓣醬---1/2小匙
花椒---1/4小匙
奶油---5g
炒芝麻（白）---1小匙

作法

1. 鮪魚、山芋分別切成1cm小丁。Ⓐ的花椒以研磨器磨碎。奶油恢復至常溫。
2. 將Ⓐ放入缽盆中混合，再放入**1**的鮪魚、山芋調拌。
3. 將8片長棍麵包分別塗上**1**的奶油，然後以1000W的小烤箱烘烤2～3分鐘。
4. 將**2**放在**3**的上面，然後撒上炒芝麻。

料理&營養筆記

鮪魚×山芋泥的組合是經典的下酒菜。把山芋切成小丁之後口感很好，與熱騰騰的長棍麵包搭配起來很出色。也可以當做下酒菜，佐以清酒享用。

韓國海苔火腿乳酪三明治

材料（2人份）

切邊吐司---4片
韓國海苔---8片
切達乳酪（切片）---2片
里肌火腿---2片
韓國生菜---菜葉2片

美乃滋---2大匙
山葵醬---1/4小匙

作法

1 在4片切邊吐司的單面塗上Ⓐ。在2片吐司已經塗上Ⓐ的那面，各放上4片韓國海苔。

2 韓國生菜用手撕成要鋪在切邊吐司上面的大小。

3 在**1**已經放上韓國海苔的2片吐司上面，依照順序放上1片里肌火腿、1片切達乳酪。放上**2**，將**1**的其餘2片麵包已經塗上Ⓐ的那面朝下，分別夾起來，然後切成一半。

料理&營養筆記

在大家熟悉的火腿乳酪三明治當中，添加韓國海苔和韓國生菜，增添香氣和口感。衝入鼻腔的山葵美乃滋風味，正是這個味道百吃不膩的致勝關鍵！

納豆韓式泡菜
卡門貝爾乳酪三明治

平均1人 **299** kcal

材料（2人份）

吐司（6片切）---2片

納豆---1盒（40g）

韓式白菜泡菜（市售品）---30g

卡門貝爾乳酪（切塊）

---1塊（20g）

芝麻油---2小匙

作法

1. 在納豆中加入附贈的醬汁（沒有的話則用醬油1/2小匙代替）、韓式白菜泡菜混合攪拌。
2. 卡門貝爾乳酪用手剝碎成容易入口的大小。
3. 在2片吐司的單面塗上芝麻油，然後在其中一片吐司已經塗上芝麻油的那面放上**1**、**2**。以1000W的小烤箱烘烤2～3分鐘（另一片吐司也同時烘烤）。
4. 將另一片吐司已經塗上芝麻油的那面朝下夾起來，然後切成一半。

料理&營養筆記

大量使用納豆、韓式泡菜、卡門貝爾乳酪這些發酵食品，製作出很有飽足感的三明治。因為韓式泡菜的調味已經很濃郁了，不使用調味料也OK。

杏鮑菇小番茄
辣醬美乃滋三明治

平均1人 301 kcal

材料（2人份）

吐司（山形、6片切）---2片
杏鮑菇---2個（100g）
小番茄---4個
醬油---1小匙
Ⓐ 生薑---1/2片（3g）
Ⓐ 美乃滋---2大匙
Ⓐ 韓式辣椒醬---1小匙
奶油---10g

作法

1 杏鮑菇縱切成5mm厚。小番茄去除蒂頭，縱切成4等分。

2 Ⓐ的生薑磨成泥。

3 將奶油放入平底鍋中加熱融化，以中火炒**1**的杏鮑菇。炒軟之後，加入醬油調味。

4 將**1**的小番茄、**3**、Ⓐ放入缽盆中調拌。

5 2片吐司以1000W的小烤箱烘烤2～3分鐘。將**4**放在一片吐司上面，再以另一片吐司夾起來，然後切成一半。

料理&營養筆記

在韓式辣椒醬的辣味當中添加了美乃滋濃醇溫和的滋味，調和成連怕吃辣的人都能輕鬆享用的味道。小番茄雖然用得不多，切成小塊之後感覺分量也變多了。

檸檬提拉米蘇風味三明治

平均1人 336 kcal

材料（2人份）

長棍麵包（5mm厚）---10片
檸檬---1/2個
馬斯卡彭乳酪---100g
鮮奶油（乳脂肪含量35%）---50ml
細砂糖---1/2大匙

作法

1 將檸檬的外皮清洗乾淨，薄薄地削下碎屑。果肉擠出檸檬汁。

2 將鮮奶油、細砂糖放入缽盆中，以打蛋器等工具打發起泡（9分發）。加入馬斯卡彭乳酪攪拌，然後一邊逐次少量地加入**1**的檸檬汁，一邊攪拌。

3 將**2**放在5片長棍麵包上面，撒上**1**的果皮之後，再用其餘5片夾起來。

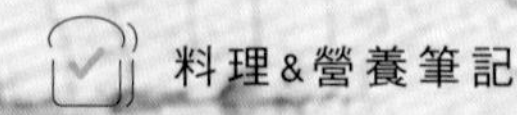

使用馬斯卡彭乳酪製作出提拉米蘇風味的輕柔慕斯。因為想要突顯檸檬的清爽感，所以做成不會太甜的口味。

粉紅葡萄柚
胡椒乳酪三明治

平均1人 247 kcal

材料（2人份）

英式馬芬---2個

粉紅葡萄柚---1/2個（100g）

Ⓐ
- 奶油乳酪---50g
- 優格（無糖）---1大匙
- 粗磨黑胡椒---1/4小匙

作法

1 粉紅葡萄柚剝皮之後，去除薄皮和籽，切成一半。放入缽盆中與Ⓐ一起調拌。

2 2個英式馬芬從側面切成一半，以1000W的小烤箱烘烤2～3分鐘。夾住**1**之後切成一半。

料理&營養筆記

為了與水果的甜度形成對比，在完成時撒一下粗磨黑胡椒，可以增加味覺的層次感。

新鮮多汁的水果三明治，一口咬下，果肉的鮮嫩感便滿溢在嘴裡。

可以善加利用柑橘類的酸味，或是盡情享受水果和奶油醬的甜味。

在想要喘口氣讓心情平靜下來時，當做點心享用吧！

香蕉椰子
優格三明治

平均1イ
379
kcal

材料（2人份）

吐司（6片切）---2片
香蕉---1根
優格（無糖）---200g
椰子粉---2大匙
橄欖油---1大匙
蜂蜜---1大匙

作法

1 將網篩疊放在缽盆上，裡面鋪上廚房紙巾。放入優格之後，覆蓋保鮮膜，放在冷藏室4小時左右，瀝除水分。

2 香蕉切成1cm厚的圓形切片。

3 在2片吐司的單面塗上橄欖油，以1000W的小烤箱烘烤2～3分鐘。

4 在缽盆中放入已經瀝除水分的**1**、**2**、椰子粉、蜂蜜混拌。

5 在**3**的其中一片吐司已經塗上橄欖油的那面，放上**4**。將另一片吐司已經塗上橄欖油的那面朝下夾起來，然後切成一半。

料理&營養筆記

以泰國的點心為構想，使用水切優格做成清爽奶油風味的健康香蕉三明治。椰子粉清脆的口感令人一吃就上癮！

鳳梨棉花糖
鹽味焦糖開面三明治

材料（2人份）

吐司（裸麥、6片切）---1片
鳳梨（切塊）---50g
棉花糖（原味）---6個
焦糖醬（市售品）---1大匙
鹽---少許

作法

1 吐司塗上焦糖醬之後，整體撒上鹽。

2 將鳳梨、棉花糖擺放在吐司上面，以1000W的小烤箱烘烤3～4分鐘。烤好之後取出，然後切成一半。

料理&營養筆記

在焦糖醬上面撒鹽，做成清爽的鹹甜味道。可以品嚐到以小烤箱烘烤過的多汁鳳梨，以及芳香鬆軟的棉花糖的美味。

奇異果
香草奶油
冰淇淋三明治

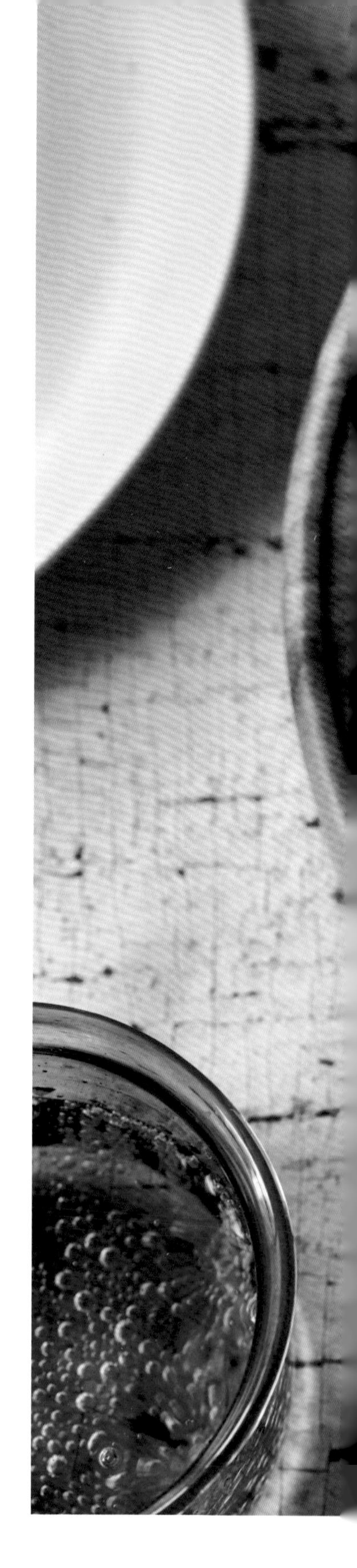

材料（2人份）

吐司（裸麥、6片切）---2片
奇異果---1個
香草冰淇淋（市售品）---100g
奶油乳酪---50g
芝麻油---2小匙
鹽---少許

作法

1 奇異果去皮之後磨成泥。

2 香草冰淇淋、奶油乳酪分別恢復至常溫，使它們稍微軟化。

3 將**1**、**2**放入缽盆中攪拌均勻，裝入夾鍊保鮮袋中弄平，然後放進冷凍庫冷卻1～2小時。

4 2片吐司切除吐司邊，分別在單面塗上芝麻油，然後整體撒上鹽。以1000W的小烤箱烘烤2～3分鐘。

5 以冰淇淋勺（或是大一點的湯匙）挖取**3**，然後放在**4**的其中一片吐司已經塗上芝麻油的那面。將另一片吐司已經塗上芝麻油的那面朝下夾起來，切成一半。

料理&營養筆記

芝麻油的香味、鹽的鹹味，和清爽冰涼的奇異果冰淇淋非常契合。因為使用奇異果的果肉製作，可以感受到籽的顆粒感所帶來的特殊口感。

草莓巧克力
煉乳三明治

材料（2人份）

長棍麵包（5mm厚）---10片
草莓---5顆
奶油乳酪---100g
煉乳---1大匙
巧克力豆---1大匙

作法

1. 草莓去除蒂頭之後，切成5mm小丁。奶油乳酪恢復至常溫。
2. 將**1**的奶油乳酪、煉乳放入缽盆中混拌。加入**1**的草莓、巧克力豆繼續混拌。
3. 將**2**塗在5片長棍麵包上面，再以其餘5片分別夾起來。

 料理&營養筆記

在草莓×煉乳這個熟悉的組合當中加入巧克力豆，製作出口感很有趣的三明治。濃醇的奶油味中能夠感受到酸味，品嚐起來非常溫和順口。

什錦水果三明治

平均1人
368
kcal

材料（2人份）

切邊吐司 --- 4片
什錦水果
（這次使用鳳梨、蜜柑、
桃子）--- 1罐（100g）
鮮奶油
（乳脂肪含量35%）--- 100ml
細砂糖 --- 1大匙

作法

1 將鮮奶油、細砂糖放入缽盆中，以打蛋器等工具打發起泡（9分發）。

2 將什錦水果瀝乾湯汁。

3 在4片切邊吐司的單面塗上**1**。在其中2片已經塗上**1**的那面，放上**2**。將其餘2片已經塗上**1**的那面朝下，分別夾起來，以保鮮膜包住後放入冷藏室冷卻30分鐘。冷卻之後切成一半。

料理&營養筆記

使用水果罐頭製作的、簡單又便利的水果三明治。質樸的味道令人有點懷念，心情也變得輕鬆。可以與孩子在點心時間一起享用。

哈密瓜抹茶鮮奶油三明治

平均1人
344
kcal

材料（2人份）

切邊吐司---4片
哈密瓜（切塊）---100g
鮮奶油（乳脂肪含量35%）---100ml
細砂糖---1大匙
抹茶粉---1小匙

作法

1 製作抹茶鮮奶油霜。將細砂糖、抹茶粉放入缽盆中，以打蛋器等工具混合攪拌。慢慢地倒入鮮奶油，打發起泡（9分發）。

2 在4片切邊吐司的單面塗上**1**。在其中2片已經塗上**1**的那面，放上哈密瓜。將其餘2片已經塗上**1**的那面朝下，分別夾起來，以保鮮膜包住後放入冷藏室冷卻30分鐘左右。切成4等分。

料理&營養筆記

將哈密瓜與富含香氣的抹茶組合在一起，用濕潤穩重的味道營造出像在品嚐和菓子一樣的感覺。以淺綠色統一色調，是一款外觀也賞心悅目的三明治。

無花果紅豆餡
核桃奶油乳酪三明治

材料（2人份）

英式馬芬---2個
無花果（乾燥）---4個
紅豆餡（市售品）---60g
核桃---5顆
奶油乳酪---50g

作法

1 核桃以菜刀細細切碎。奶油乳酪恢復至常溫。

2 將**1**放入缽盆中混合攪拌。

3 2個英式馬芬從側面切成一半，以1000W的小烤箱烘烤2～3分鐘。

4 在**3**的下半部上面，依照順序放上紅豆餡→無花果（各2個）→**2**。以另一半夾起來，然後切成一半。

 料理&營養筆記

以無花果具有深度的甜味、紅豆餡懷舊的甜味、核桃酥脆的口感組合而成的新口感三明治。與烘烤過的英式馬芬的鹹味也非常對味。

麝香葡萄
薄荷鮮奶油三明治

材料（2人份）

吐司（裸麥、6片切）---2片
麝香葡萄（無籽）---12顆
綠薄荷---葉子10片
馬斯卡彭乳酪---100g
鮮奶油（乳脂肪含量35%）---50ml
細砂糖---1/2大匙

作法

1 2片吐司切除吐司邊。綠薄荷用手細細撕碎。

2 製作薄荷鮮奶油霜。將鮮奶油、細砂糖放入缽盆中，以打蛋器等工具打發起泡（9分發）。一邊逐次少量地加入馬斯卡彭乳酪，一邊攪拌至變得滑順。加入**1**的綠薄荷之後，迅速攪拌。

3 在**1**的2片吐司的單面塗上**2**。其中一片已經塗上**2**的那面並排擺放麝香葡萄，再將另一片已經塗上**2**的那面朝下夾起來。以保鮮膜包住之後，放入冷藏室冷卻30分鐘。冷卻之後切成4等分。

有著清爽酸味的麝香葡萄搭配薄荷，嘴裡瀰漫著清涼感。薄荷一經撕碎就會散發出香氣，所以先將葉子撕碎後再混進鮮奶油霜裡面吧！

藍莓柚子胡椒鮮奶油
三明治

材料（2人份）

切邊吐司---4片
藍莓---80g
鮮奶油（乳脂肪含量35%）
---100ml
細砂糖---1大匙
柚子胡椒---1/2小匙

作法

1 藍莓清洗過後瀝乾水分。

2 製作柚子胡椒鮮奶油霜。將鮮奶油、細砂糖放入缽盆中，以打蛋器等工具打發起泡（9分發）。加入柚子胡椒之後，繼續攪拌至融合在一起。

3 在4片切邊吐司的單面塗上**2**。其中2片已經塗上**2**的那面並排擺放**1**，再將其餘2片已經塗上**2**的那面朝下，分別夾起來。以保鮮膜包住之後，放入冷藏室冷卻30分鐘。冷卻之後切成4等分。

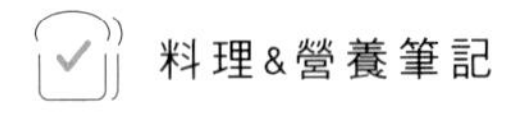

在吃進嘴裡的瞬間，柚子胡椒的風味會緩緩擴散到喉嚨深處，是一款成人口味的水果三明治。牙齒咬下藍莓時，脆脆的口感也令人著迷。

栗子卡士達醬三明治

材料（2人份）

吐司（裸麥、6片切）---2片
去殼栗子（市售品）---30g
蛋黃---2個份
細砂糖---30g
低筋麵粉---15g
牛奶---200ml

作法

1. 去殼栗子切成2mm厚的薄片。
2. 製作栗子卡士達醬。將蛋黃、細砂糖放入缽盆中，以打蛋器等工具攪拌。攪拌到變得滑順之後，一邊逐次少量地加入低筋麵粉，一邊繼續攪拌。
3. 將牛奶放入鍋中以中火加熱。加熱到牛奶表面冒泡時關火，一邊逐次少量地把牛奶加進**2**裡面一邊攪拌。
4. 將**3**倒回鍋中以小火加熱，同時用刮刀以寫「の」字的方式從鍋底舀起來攪拌，變得滑潤黏稠後移入長方形淺盆中。取另一個長方形淺盆裝滿冰水，放入裝有**3**的長方形淺盆使之冷卻。冷卻之後加入**1**混拌。
5. 將**4**放在一片吐司上面，再以另一片吐司夾起來。以保鮮膜包住之後，放入冷藏室冷卻20分鐘。冷卻之後切成4等分。

 料理&營養筆記

在親手製作的卡士達醬當中加入市售的去殼栗子，增添了栗子的鮮味和口感。不限於秋季，想吃的時候就能製作，這也是令人滿意的重點。

肉桂蘋果
卡門貝爾乳酪三明治

平均1人 307 kcal

材料（2人份）

吐司（裸麥、6片切）---2片
蘋果---1/4個
卡門貝爾乳酪（切塊）
---2塊（40g）
Ⓐ 生薑---1/2片（3g）
Ⓐ 橄欖油---2小匙
煉乳---1大匙
肉桂粉---少許

作法

1 蘋果縱切成3mm厚的薄片。卡門貝爾乳酪縱切成一半。

2 Ⓐ的生薑磨成泥，與橄欖油混合攪拌。

3 在2片吐司的單面塗上Ⓐ。其中一片吐司已經塗上Ⓐ的那面重疊擺放**1**的蘋果，然後放上卡門貝爾乳酪。整體淋上煉乳，以1000W的小烤箱烘烤2～3分鐘（另一片吐司也同時烘烤）。

4 在**3**已經擺上配料的那片吐司上面，整體撒上肉桂粉。將另一片吐司已經塗上Ⓐ的那面朝下夾起來，然後切成一半。

料理&營養筆記

蘋果的甜味、肉桂的香氣、濃郁的乳酪令人無法抗拒。將生薑和橄欖油塗在吐司上面，滲入清爽的味道。趁熱大口吃進嘴裡，感覺好幸福。

素材別 INDEX

肉類

加工品（肉類）

海鮮類

加工品（海鮮類）

蔬菜類

蕈菇類

水果

乳酪類

豆類、黃豆加工品

協助製作本書的企業

敷島製麵包株式會社

自1920年創業以來，秉持著「以麵包貢獻社會」的理念逐步發展事業。在悠久的傳統之中養成的技術能力，以及向打造新的價值挑戰的精神，創造了很多長銷商品，像是在吐司的全日本市場調查中，「超熟」吐司獲得市占率No.1的名次等等，帶著一流廠商的自負和驕傲傳承了100年，持續烤製麵包。此外，一直藉由使用國產小麥的麵粉製作麵包的策略，為提升日本糧食自給率做出貢獻。

〔HP〕https://www.pasconet.co.jp/　〔TEL〕0120-084-835（Pasco消費者諮詢室）

※提供方形吐司2種、山形吐司、切邊吐司、熱狗麵包、鄉村麵包、英式馬芬、貝果、長棍麵包。

エダジュン

香菜料理研究家、管理營養師。取得管理營養師的資格之後，進入株式會社Smiles工作。參與Soup Stock Tokyo總公司的業務，2013年自立門戶。不拘泥於固定的概念，注重的是享受料理帶來的樂趣。著作有《吃了會上癮！香菜食譜書》（暫譯，PARCO出版）、以《有了這1道，就不需要菜單！蔬菜滿滿配料多多的150道主題湯品》（暫譯，誠文堂新光社）為首的主題系列等等，還有其他多本著作。

STAFF

攝影 — 福井裕子
設計 — 八木孝枝
造型 — 木村遥
編輯 — 太田菜津美（nikoworks）
料理助理 — 関沢愛美
製作協助 — 敷島製パン株式会社　UTUWA

YASAI TAPPURI GUDAKUSAN NO SHUYAKU SANDWICH 150 KORE IPPIN DE KONDATE IRAZU !

營養師教你用10種麵包做出150款主餐三明治
營養均衡、快速完成，冷藏也超美味！

2021年 3 月1日初版第一刷發行
2023年10月1日初版第三刷發行

作　　者　エダジュン
譯　　者　安珀
編　　輯　陳映潔
封面設計　水青子
發 行 人　若森稔雄
發 行 所　台灣東販股份有限公司
<地址>台北市南京東路4段130號2F-1
<電話>(02)2577-8878
<傳真>(02)2577-8896
<網址>www.tohan.com.tw
郵撥帳號　1405049-4
法律顧問　蕭雄淋律師
總 經 銷　聯合發行股份有限公司
<電話>(02)2917-8022

國家圖書館出版品預行編目(CIP)資料

營養師教你用10種麵包做出150款主餐三明治：營養均衡、快速完成，冷藏也超美味！／エダジュン著；安珀譯. -- 初版. --臺北市：臺灣東販, 2021.03
192面；17.8×25.2公分
ISBN 978-986-511-618-7（平裝）

1. 速食食譜

427.14　　110000801